ほめて
いいコに!

犬のしつけ&ハッピー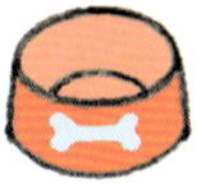トレーニング

ドッグトレーナー
戸田美由紀 監修

西東社

ほめていいコに！

犬のしつけ＆ハッピートレーニング

目次

PART 2 子犬のうちから徹底したい! いいコに育つ 環境&しつけ

PART 3 楽しく練習して成功! 暮らしに役立つ トレーニング

PART 4 愛犬ともっと楽しく！ おでかけのマナーとしつけ

PART 5 いますぐやめさせたい！ 愛犬のよくある「困った」解消法

◀◀◀14ページへ

しからないで 1

だって、何を言っているのか 意味がわからないから

犬がスリッパで遊び始めました。飼い主は「ダメ、何度言ったらわかるの！」と大声で言いました。そのとき、犬はどう思うでしょうか？　「なんで、おもちゃで遊ぶと怒るの？」とか「これで遊ぶと反応があるぞ」とか、「こわい」といったところでしょう。考えてもみてください。犬は人間の言葉も、ルールもマナーもわかりません。問題の解決どころか、犬の信頼を失いかねないので、しかって理解させようとするのはやめましょう。

愛犬から飼い主さんへ 10のお願い

しつけを始める前の心がまえです。
これから紹介する10のことを、心にとめておいてください。

◀◀◀18ページへ

よいときはほめて 2

何が正しいのか、わかるから

ほめることは、犬に「正解」を教えること。「散歩の前、飛びついたら知らんぷりされる。でもオスワリしていると、いいコと声をかけてくれて、おやつももらえる。だから、飛びつくのはやめて、オスワリしよう」。犬は、そんなふうに覚えていきます。最初は、行動とほめられていることが結びつかなくても、何度もくり返しほめられることで、犬は正しい行動や状態を理解していきます。

◀◀◀16ページへ

3 やってはいけないことは未然にふせいで

悪いことをしなくてすむから

ゴミ箱をいたずらするのは、ゴミ箱があるから。玄関マットに粗相してしまうのは、玄関マットがあるから。スリッパ泥棒をするのは、スリッパが置いてあるから。やってはいけないことは、やらせないようにしてあげましょう。犬は、体験のなかからしか学ぶことはできません。いいコに育てたいと思ったら、いいことしか体験できないように環境を整えればいいのです。

◀◀◀70ページへ

4 小さいうちにいろいろ体験したい！

苦手なものやこわいものが多くなっちゃうから

問題行動の多くは、恐怖心や警戒心から生じます。子犬のうちからあらゆるものごとに対し、いちいちおびえたり怒ったり、パニックを起こしたりしないよう、よいイメージを持たせてあげましょう。散歩に慣れないうちは、知らない人がきた、車が通ったなど、犬にとって刺激があったら「アイコンタクト」でこちらを向かせて、おやつをあげます。「気になるものを発見したら、飼い主を見て、ほめてもらおう」というルールを徹底して、将来的に、ものごとに動じないコに育てましょう。

◀◀◀32ページへ

5 犬にも性格があることを知って

社交的な性格の犬もいれば内向的な性格の犬もいるんだよ

うちの犬はシャイだから、ドッグランに行って社交的にしたい。そんなふうに考えていたら、ちょっと待って。もともと臆病な性格のコをドッグランにいきなり放して、いやな経験をさせてしまうと、社交的になるどころか犬嫌いになってしまうことも。トレーニングでほかの犬に徐々に慣らしていくことはできますが、そもそも社交的な性格の犬もいれば内向的な性格の犬もいます。それを見極め、個性として認めてあげることも大切です。

◀◀◀174ページへ

6 朝や散歩前などの行動をパターン化しないで

うれしいことがあるとわかると、せかしちゃうから

朝起きたらすぐ、犬をハウスから出すというのが習慣になると、犬は「飼い主が起きる＝ハウスから出られる」と覚えます。すると、夜中にトイレに起きたときにも、「起きたなら出して！」と、要求するようになる可能性が大。犬がつぎの展開を予測して要求しやすい状況は、なるべく作りださないほうが得策。起きたけど顔を洗ってから犬を出す、翌日は朝食のしたくをしてから犬を出すなど、変化をつける工夫をしましょう。起床時、散歩前、帰宅時の行動はとくにパターン化しやすいので要注意です。

◀◀◀80ページへ

小型犬でも散歩に連れて行って

7

体が小さくたって運動や刺激は必要だから

散歩に連れて行かなくていい犬種ですよ、とペットショップで言われたから…。これは、よく耳にする間違い。小型犬でも30分くらいの散歩を、1日2回連れて行くのが理想です。散歩には、運動の目的以外にも、においをかいだり、ほかの犬を見たりあいさつしたりと、犬にとっての楽しみがたくさんあります。

◀◀◀78ページへ

毎日運動や遊びでパワーを発散したい

8

パワーがありあまっているから退屈しのぎに、何かしでかしちゃう

できれば毎日、運動で発散させて、犬をヘトヘトにしてあげましょう。問題行動を起こすのは、パワーがありあまっているから。そのパワーがなければ、そもそも問題は起こりにくいのです。散歩以外にも、引っぱりっこなどで、パワーを発散させましょう。

飼い主自身の心の安定も大切に

9

大好きな人が不安定だと不安になっちゃうから

親が不安定だと、子どもが影響を受けるように、犬の心も飼い主の影響を強く受けるようです。自分の悩みを解決したら、犬の問題行動もなくなった、という例は意外によくあるもの。犬が問題を抱えているときは、自分を見つめ直すチャンスと考えてみてもよいのではないでしょうか。飼い主が明るく安定していれば、犬もその明るさに包まれて、安心して落ち着いていられるものです。

多頭飼いは慎重に考えて

10

仲よくなれないこともあるから

犬どうし仲よくしている姿はほほえましいもの。でも、2頭が仲よくできないと、散歩や遊びなどそれぞれ別々にしてあげなければならないなど、いろいろな問題が生まれます。もし多頭飼いを考えるなら、先住犬がほかの犬と一緒にいるのがストレスにならないか、また基本のしつけをマスターして問題行動もクリアできているかを見極めましょう。先住犬と飼い主との間に強い絆ができているかどうかも重要です。

PART 1

覚えて
おきたい!

ほめて教える しつけの基本

ほめて教えるしつけは、犬が喜ぶごほうびを使いながら、楽しく学べるトレーニング方法。成果が出やすいワケ、基本的なやり方と教え方のコツを、まずは簡単に紹介します。

しつけの鉄則

しつけのポイントは「しからず」に「ほめる」

理解しておきたい 犬にしつけが必要な理由

人と犬が快適に暮らすためには、犬にルールやマナーを覚えてもらう必要があります。何も教えなければ、どこでも排泄し、何かあるたびに吠え、興奮すれば走り回る……など、犬の本能に従って行動してしまうからです。では、人間の言葉がわからない犬にどうやって教えればよいのでしょうか？

やらせるのではなく 正しい行動を選ばせる

本書で紹介する「ほめて教えるしつけ」は、犬が正解の行動をとったらほめてごほうびをあげ、「その行動正しいよ！」と教える方法です。犬が「あっちではなく、ここでオシッコをすれば、ごほうびがもらえる！」と、正解の行動を選ぶように導くのです。犬の学習パターンを利用した科学的なトレーニング方法なので、正しい方法で行えば、確実に成果が出ます。この方法なら、犬も飼い主もストレスがなく、楽しくトレーニングすることができます。

一方、しかったり体罰を与えたりする方法は、正解の行動を教えられないうえ、犬が飼い主に恐怖心を抱くようになる可能性が大。信頼関係を築きにくくなるので家庭犬のしつけには、おすすめできません。

ほめて教えるしつけのメリット

科学的理論に基づいているから成果が出やすい

犬の学習パターンを利用した科学的なトレーニング方法なので、正しいやり方で行えば、確実に成果が出ます。

犬も飼い主も楽しくトレーニングできる

犬はほめられることが大好き。ごほうびをもらえるなら、なおさらやる気もアップ。愛犬の失敗ではなく、成功に目を向けられることで、飼い主も前向きな気持ちで教えられます。

愛犬との信頼関係を築ける

飼い主は大好きなごほうびをくれる存在。しかられないし、傷つけられることもないから、犬は飼い主をどんどん好きになります。

point!

- ほめることで犬に正しい行動を教えられる
- しかる方法では犬には正しく伝わらない

▶図解　しかられたときの犬の思考回路

ここでしちゃ
ダメでしょ!

トイレ以外の場所で排泄してしかられた

かまって
もらえた

犬のキモチ

**ここでオシッコしたら
飼い主がとんできた!
かまってもらえたぞ!**

オシッコしたら飼い主がとんできて騒ぐ。これをくり返すと、失敗すれば飼い主に注目してもらえると勘違いするように。

▼

犬の行動

かまってほしいときに気を引くため、わざと粗相するように

オシッコをすると飼い主がとんでくると学習してしまう。かまってもらえないときに、わざとトイレ以外の場所でオシッコをして飼い主の気を引くようになる。

かまって
ほしい

なんで
怒ってるの?

犬のキモチ

**なんだ!?
こわい顔をして、
何を怒っているんだろう…**

飼い主がこわい顔をしているので、怒っていることはわかる。でも、言葉がわからないから怒られている理由はわからない。

▼

犬の行動

排泄そのものをよくないものと思い、隠れてするように

結局、オシッコの場所についてしかられているとは理解できないから、また別の場所でオシッコしてしまう。オシッコをすると怒られるから隠れてオシッコするようになってしまう。

オシッコすると
しかられるから…

しつけの鉄則

してほしくない行動は「未然にふせぐ」

困った行動は未然にふせぐと、あとがラク

言葉を理解することのできない犬は、体験を通じて学習していきます。ですから、悪いことは体験できないように環境を工夫することが重要。ゴミ箱はいたずらされるかもしれないので犬の行動範囲内に置かない、玄関マットはトイレと間違えるかもしれないのでしまう…など工夫しましょう。また、犬の行動の一歩先を読むことでふせげることも。たとえば、散歩中、道端のゴミに素早く気づいて近づかせなければ、拾い食いできず、体験しなければ習慣化することもないのです。

キホン

「部屋の工夫」で困った行動をふせごう

犬の生活範囲にあるものを見直しましょう。

いたずらされるものは置かない

かじられたら困るもの、壊されたら困るものを、犬の口の届く範囲に置いておかないこと。片づけてしまえば、いたずらされることもありません。

入ってほしくない場所には入れない工夫を

目を離す際はサークルへ。サークルの外に出すときも、台所など入ってほしくない場所には柵などで入れない工夫を。

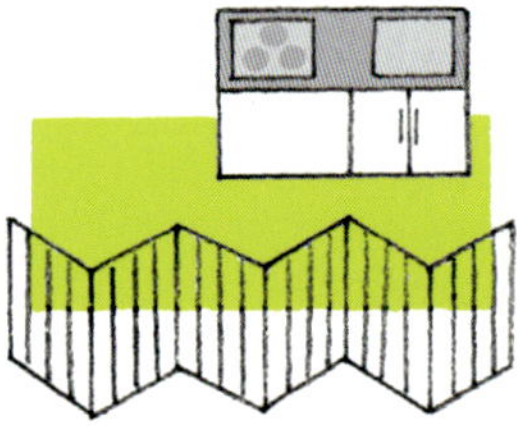

トイレと間違いやすい素材のものは置かない

フローリングの上に異素材のものを置くと、トイレシーツと間違えることも。犬がトイレを覚えるまでは玄関マットやキッチンマット、バスマットは撤収。

point!

- 悪い体験をさせないよう環境を工夫することが大切
- 悪い体験をさせないよう行動を工夫することも重要

キホン 「行動の工夫」で困った行動をふせごう

刺激の多い外では、飼い主が周囲にアンテナを張りめぐらせておくことが大切。

拾い食いをしてしまうなら犬より前にそのゴミに気づく

ゴミの存在にいち早く気づけば、犬がゴミをとれない位置を歩けます。ゴミの横を通りすぎることができたらほめます。

ほかの犬に吠えやすいなら犬より前にその存在に気づく

遠くのほうにほかの犬がいることに気づけば、その犬とは逆方向に方向転換できます。ほかの犬が遠くに見えたけど、無反応で歩けたらほめます。

教え方の基本

犬にしてほしいことは「得」な結果と結びつける

犬は得なことをして損なことはしない動物

犬は体験を通して学習し、くり返すことでその行動を習慣化していきます。犬にしてほしいことを教えるときは、くり返し体験させればいいのです。

犬の行動の基準は「損か得か」。得することはくり返し、損なことはしなくなります。つまり、「この行動をとったら、おやつがもらえた！」という得な体験を何度もすることで、得な結果を予測するようになり、その行動をみずからとるようになります。逆に、してほしくない行動は、得な結果と結びつかないようにする必要があります。

▶図解　損得で決まる犬の行動

いいことが起こらなければ その行動をしなくなる

遊んでほしいときに、飼い主に「遊んで！」と吠えてみたけど、遊んでもらえなかった。

犬のキモチ **損した…（しなくなる）**

いいことが起これば その行動をくり返す

「オイデ」の指示で飼い主のそばに行ったら、ほめられてごほうびももらえた。

犬のキモチ **得した！（くり返す）**

point!

- してほしいことはおやつなど得することと結びつける
- してほしくないことが得する結果に結びつかないように

してほしくない行動が得する結果になっている場合があります！

注意！

犬の行動 **ウンチを食べる**

「どうしてウンチを食べるの？ 信じられない！」と騒いでしまうと…。

犬のキモチ **ウケた！ ウンチを食べるとみんなが喜ぶ！**

▼

対処法は
145ページ

犬の行動 **食事の準備で吠える**

犬が吠えているので、ついつい急いで食事を与えてしまうと…。

犬のキモチ **吠えるとごはんが出てくる！**

▼

対処法は
177ページ

犬の行動 **夜鳴きする**

「さびしそうだし、近所迷惑だし」と見に行ってしまうと…。

犬のキモチ **鳴き続ければそばにきてくれる！**

▼

対処法は
147ページ

犬の行動 **歩く足にじゃれがみする**

足にじゃれてかんでくるので「やめて！」と言いつつ逃げてしまうと…。

犬のキモチ **足の動きが早くなって飼い主も楽しそう！**

▼

対処法は
161ページ

教え方の基本

犬の学習パターンを使った効果的な教え方

してほしいことは自然に体験できるよう導く

悪いことは体験させないよう未然にふせぐ、いいことはくり返し体験させるのがしつけの基本。では「オスワリ」をさせたいとき、具体的にどうやって教えて、体験させればよいのでしょうか。もちろん無理やりお尻を床に押しつけるのではありません。ごほうび（＝おやつ）で犬を誘導するのです。おやつのにおいを追いかけるうちに、自然とお尻が床についたら、すぐに「オスワリ」と声をかけ、ごほうびをあげます。この体験をくり返すことで、犬は「オスワリ」の指示を覚えていきます。

▶図解　しつけの流れ

ステップ1

ごほうびで誘導
▼
オスワリのポーズになった
▼
「オスワリ」の指示
▼
ほめる＆ごほうび

ステップ2

慣れた家のなかで「オスワリ」の指示
▼
オスワリできた
▼
ほめる＆ごほうび

ステップ3

刺激の多い屋外で「オスワリ」の指示
▼
オスワリできた
▼
ほめる＆ごほうび

「オスワリ」の指示を理解したら、家のなかで練習して、さらには外でもできるように練習。目標は、リードをつけるときや信号待ちなどオスワリしていたほうがよいシーンで、自分からオスワリするようになること。自分からできたときもほめることを忘れずに。

point!

★ 犬が「自然とできた！」となるように導く
★ 自然とできたことと指示の言葉を結びつける

キホン

犬が自然と覚える教え方（オスワリの場合）

最初から指示を出しても犬にはわかりません。まずはごほうびで誘導しながら。

1
おっ
おやつだ！

ごほうびのにおいで犬を誘導

ごほうびを持った手のにおいをかがせ、その手を犬の頭の上に移動します。

2
オスワリ
ペタッ

自然と座ったら「オスワリ」

頭上にある手を見ると、犬は自然と座ってしまいます。そうしたら「オスワリ」と声がけ。

3
いいコ
やった！

「オスワリ」といいことが結びつく

すぐに「いいコ」とほめて食べさせます。くり返すうちに「オスワリの姿勢」と「ごほうび」、「オスワリの指示」が自然と結びつきます。

point!

「オスワリ」＝

指示は後がけで覚えてもらう

最初からオスワリの指示をかけても犬には理解できないので、オスワリのポーズになったら指示をかけるようにします。こうすることで、オスワリのポーズと指示が犬の頭のなかで結びつきます。

「声がけ・ごほうび・なでる」の3点セットでほめる

声がけ＋ごほうびで
声がけの言葉がほめ言葉に

はじめのうちは、ほめ言葉をかけられても、犬は人間の言葉がわからないので、ほめられているとは感じません。「声がけ＋ごほうび」をくり返すうちに、声がけの言葉は、いいことが起きる前ぶれとなり、その言葉に対していい印象をもつようになります。

ほめ方の基本は、「声がけ→ごほうび→なでる」の3点セット。子犬のうちから3点セットでほめておくと、なでられることもいいことと結びつき、なでられたときにじゃれたり、いやがるのをふせぐ練習にも。

キホン

ほめる3点セットとは

犬に伝わるようスムーズなほめ方をマスター！

1 声がけ

犬の顔を見つめて「いいコ」などと声をかけます。ごほうびのおやつは手に握っておきます。

2 ごほうび（おやつ）

ほめ言葉のあとすぐにごほうびのおやつをあげます。おやつは手のひらにのせて与えるように。

3 なでる

おやつを食べさせながらもう一方の手で犬の顔（頬のあたり）をなでます。「なでられることもいいこと」と認識させます。

point!

★ 3点セットでほめるうちに、「いいコ」という言葉となでられることが犬にとっていいことになる

注意！

悪いことをやめていいコになったときには、おやつを使わないで

いたずらをやめたときや吠えるのをやめたときなど、「悪い行動をストップしていいコになったとき」は、声がけだけにしておやつは控えましょう。おやつをもらおうとして、わざとその行動をくり返す犬もいるからです。おやつをあげるのは、基本的に「いいコであり続けているとき」。玄関チャイムが鳴っても、ひと言も吠えずに静かにしていられた、「マッテ」の指示で犬がちゃんと待っていられたときなどです。

よくある「困った」

困った！

うれしすぎて興奮してしまいます

ゆっくり声をかけてそっとなでて

オーバーなほめ方をすると興奮してしまう犬もいます。犬の様子を見ながら声やなで方を調節しましょう。落ち着いたトーンでゆっくり声をかけ、手はそっと犬の顔の頬のあたりに添えてやさしく動かすのがコツ。

困った！

おやつに興味を示しません…

においが強いおやつなら興味を示すかも

一般的に、肉やチーズなど、においの強いものに食欲をそそられます。ですが、煮干しが好きな犬や血合い肉が好きな犬もいます。そのコの好きなものを見極めましょう。

困った！

おやつをあげないと指示に従わなくなってしまいました

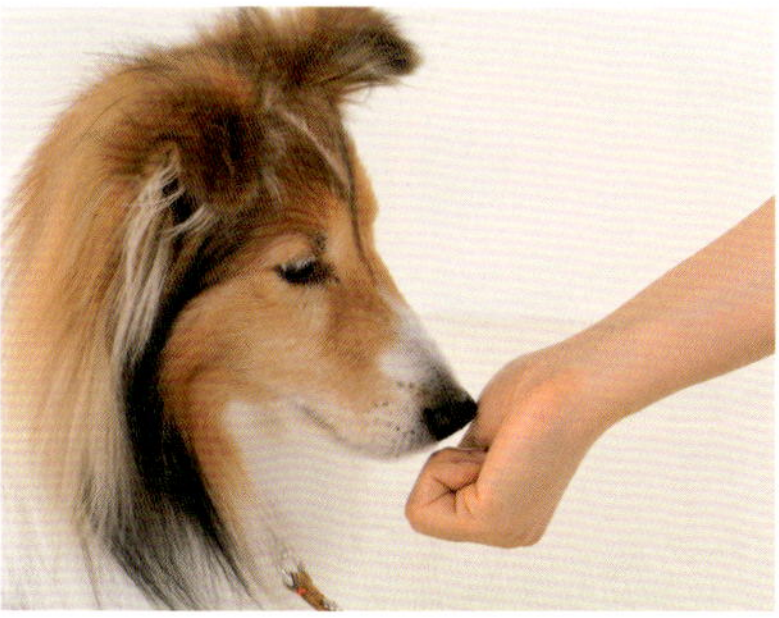

おやつは見えないよう手に握って

おやつを見せびらかして与えていると、おやつを目にしないと、いうことを聞かなくなってしまう可能性が大。おやつは、犬に見られないよう握りこんでおきましょう。おやつを入れておくトレーニング用のポーチを腰につけ、犬にわからないように取り出すのもポイント。

ほめ方

効果的にほめるためのごほうびの量と種類

ごほうびは犬が確実に喜ぶものを選ぶ

犬に「いいことがあった!」と思わせるためのごほうび。おやつだけではなく、おもちゃや一緒に遊ぶこと、散歩に行くことも犬によってはごほうびになります。なかでも最初のうちはおやつがおすすめ。おやつのにおいで導いて、犬を動かすことができるからです。あげるとすぐなくなるので、つぎの行動へ移行しやすいのもいいところ。また、おやつは好きの度合いで順位をつけて。ふだんの練習にはいつものドッグフード、難しい練習には大好きなチーズなど、使い分けをしましょう。

キホン

1回にあげるごほうびの量

与えすぎは肥満のもと。小さくちぎって与えて。

大型犬

中型犬

小型犬

人の小指の爪サイズ

人の小指の爪1/2サイズ

人の小指の爪1/4サイズ

ごほうびのおやつは、大きすぎればすぐにおなかが満たされて魅力がなくなります。また、小さすぎると落としやすく、拾い食いにつながることも。体の大きさに合わせて適切な量を与えましょう。また、おやつもカロリーがあることをお忘れなく。1日にとる食事のカロリーの1〜2割までにし、その分食事の量を減らします。

point!

- ★ トレーニングに使いやすいごほうびは、ズバリおやつ
- ★ ごほうびに順位をつけ練習内容に合ったものを選ぶ

ステップアップ

ごほうびには順位をつけよう

トレーニングの難易度によって使い分けましょう。

愛犬の好みによっておやつに順位をつけておきましょう。トレーニングの内容の難易度×場所の難易度×がんばり度によっておやつの内容を変えます。マッテやオイデなどおやつのにおいで誘導するような指示、刺激が多くて集中しにくい屋外での練習などは、とくに魅力的なおやつを。慣れた部屋のなかでの練習や、簡単な内容の指示などは、いつものドッグフードというように使い分けましょう。

スペシャル

加熱したまぐろ

犬にとって魅力的すぎるので、最終手段にしたいのが電子レンジなどで加熱したまぐろ。においが強いので、動物病院などその子が苦手な場所でも、苦手な犬や人がいても、どんな場面でも興味をひくことができます。

1

チーズ

これさえあればやる気がアップ！ 犬にとって群を抜いてうれしいごほうび。フリーズドライのレバーやボイルした鶏のささみも人気。

2

ジャーキー

「とてもよくできました！」のときに。市販のごほうび用おやつ、ゆでた野菜（さつまいも、にんじん、ブロッコリーの茎）などもこのあたりの順位。

3

クッキー（かたいもの）

かたくて長持ちするものは、苦手なことをしている間、ガジガジかませておくタイプのごほうびに。クッキーが好きでないコにはガムを使います。

4

ボーロ

刺激や誘惑が少ないときの練習に。ボーロはこのままだと大きいので、小さくくだきます。あらかじめしけらしておくと、くだきやすいでしょう。

いつものドッグフード

食べ物が大好きな子の場合、いつものドッグフードでも十分ごほうびになります。「家のなかで正しいことができた！」など、日常のごほうびに。

ほめ方

犬のやる気をアップさせる「ほめどころ」

ほめどころを積極的に探してほめてあげて

ほめるとは、犬に「正解！」と伝えること。何かをできたときだけでなく、何もせずに「いい状態」でいるときにも「その状態、正解！」と教えてあげましょう。とくに、刺激に対して吠えたり興奮したりしないで、「落ち着いていられたとき」が、忘れがちなほめどころです。

また、はじめは一生懸命ほめていても、できるようになってくるとそれが当たり前になって、ほめるのを忘れがちになることも。ふだんから愛犬のほめどころを積極的に探して、正解の行動を強化していきましょう。

Let's try!

ふだんはココをほめよう

ほめどころ1

外で物音がしても無反応だったとき

車の音、自転車のベル、立ち話の声など、外から物音がしても吠えなかったらほめましょう。「音＝ごほうび」とインプットさせて、「音がすると、いつもいいことが起こる。音って最高！」と思わせます。物音におびえていちいち吠えるのをふせぐ効果が。

ほめどころ2

玄関チャイムの音に吠えなかったとき

玄関チャイムは、いまは吠えなくても今後吠えるようになる可能性大。チャイムが鳴っても静かならすぐに声でほめて、「いま静かにしているのは正解だよ！」と教えます。飼い主がお客さんの応対をしているときも静かにしていられたらまたほめます。

ほめどころ3

食事中おとなしくしていられたとき

飼い主が食事中、食べものをねだったりせずにおとなしくしていられたらほめて。「いまおとなしくしているのは正解だよ！」と教えます。おやつをあげると人間の食事をくれたと勘違いするので、ほめ言葉だけに。

point！

- 普通に「いい状態」でいるときもほめるタイミング
- できることを当たり前と思わず継続的にほめて

Let's try!

散歩のときはココをほめよう

ほめどころ1

散歩の準備をしていても興奮しなかったとき

リードをつけるとき、玄関のドアを開けるとき、鍵を閉めている間などが、犬の興奮が高まるタイミング。落ち着いていられたらほめて。

ほめどころ2

ゴミが落ちていても通りすぎることができたとき

道にゴミが落ちていてもリードを引っぱったりすることなく通りすぎることができたらほめて。覚えてしまうとやっかいな拾い食いを予防できます。

ほめどころ3

ほかの犬に会っても興奮しなかったとき

ほかの犬を見ても落ち着いてすれ違うことができたときは必ずほめて。将来、興奮して吠えたり、リードを引っぱったりすることを予防できます。

「ほめどころ」の勘違いシーン

注意!

吠えるのをやめた直後

要求吠えには、知らんぷり（▶28ページ）が効果的ですが、犬が本当にあきらめたかどうかの見極めが肝心。吠えやんだ直後にほめると、まだあきらめていないのにほめてしまう可能性が高いです。完全にあきらめて落ち着いたとき（犬がふて寝のような状態になっているとき）が言葉がけのタイミングです。

帰宅直後

帰宅直後、犬はうれしくて興奮してしまうもの。飛びつきや要求吠えを引き起こすので、犬が落ち着くまでほめるのはやめましょう。また、おやつをあげる人もいますが、これもさらなる興奮につながります。あげるなら、出かける前にコング（なかに入れたおやつを取ろうとして遊ぶおもちゃ）などを与えるようにしましょう。

知らんぷり

犬からの要求はしからず、「知らんぷり（無視）」を

要求しているときだけに使う対処法

犬が飼い主に対して何かを要求しているときや気を引こうとしているときには、「知らんぷり＝無視」の対応を。例えば「かまって」「遊んで」などの要求吠えに対して、「ダメよ」「コラ」としかることは、「かまってもらえた」と犬に思わせることにつながります。逆に犬をまったく相手にせずになんのリアクションもしなければ、吠えても要求がとおらない、何も起こらない、つまらない、とあきらめるようになります。知らんぷりを完ぺきにできれば、要求は必ずなおります。

▶図解 要求に知らんぷりがきくワケ

かまってほしいと吠える

犬のキモチ　何も起こらなくてつまらない…

「吠える＝願いは叶わない」と理解していき、吠えてもムダだから吠えなくなる。

犬のキモチ　顔はこわいけど…かまってくれた！

自分が出した「かまって」という要求に飼い主が従った、と勘違いしてしまう。

point!

- ★ 犬の要求は「知らんぷり」で必ずなおる
- ★ 見ない、さわらない、声をかけないが基本動作

キホン
知らんぷりの動作はわかりやすく

知らんぷりをするときは犬にはっきり伝わる動作を心がけて。

見ない

目を合わせれば、犬に注目したことになってしまうので、絶対見ないで。

触らない

触ることも、「かまってくれた」という勘違いを生みます。

声をかけない

しかったり文句を言ったりすることもしないで。「反応してくれた」と犬は勘違いします。

背を向ける

後ろを向けば、うっかり見てしまうこともありません。

知らんぷりになっていない動作

注意！

途中で「ダメ」などとしかってしまう

犬の要求に根負けしてしまっている典型的な例。「がんばって吠え続ければ願いは叶う」と、かえって悪化させてしまいます。

見ていないけど触っている

そっぽを向いていても、無意識のうちに犬の体の一部を触っていることが。犬はかまってくれていると思ってしまいます。

途中で犬をちらっと見る

犬は鋭い観察眼を持つ動物。ちらっと見ただけのつもりでも敏感に察知し、「見てもらえた」と喜ばせてしまいます。

知らんぷり

「知らんぷり」をじょうずにするポイント

「知らんぷりをするならとことん」がルール

知らんぷりを完全にできれば、要求のクセは必ず改善しますが、これはあくまでも完全にできている場合のみ。犬の要求に根負けして反応してしまえば、「たくさん吠えたら応じてくれた。もっと吠えよう」とかえって悪化させてしまうことになります。

　また、完全に知らんぷりできても、一瞬、問題が悪化することもあります。飼い主に無視されて「なぜだ？　もっとやらなきゃ」と焦るからです。その行動を続けても願いは叶わないと犬が理解するまで徹底的に無視することが重要です。

知らんぷり成功のポイント

POINT 1

原因を見極める

知らんぷりは、要求に対してのみ効果がある対処法です。つまり、飼い主に向かってやっている行動をやめさせるときに使います。飼い主に飛びついている場合、飼い主に向かって吠えている場合、飼い主を見ながらいたずらしている場合などに効果があります。

POINT 2

根負けしない

知らんぷりをすると、その要求は一瞬悪化し、そのあと徐々におさまるのが一般的。エスカレートしたときに根負けして反応してしまうと、「がんばったら要求は通った」と学習してかえって悪化してしまいます。

POINT 3

別の指示とセットで

犬が完全に落ち着いたら、「オスワリ」など正しい行動を指示しましょう。オスワリができたら、遊んだり散歩に行ったりと、犬の願いを叶えます。こうすることで「要求したときではなく、オスワリできたときに願いが叶う」と、犬は学習していきます。

POINT 4

犬ときちんと向き合う

ふだん犬がいいコでいるタイミングでほめているからこそ、知らんぷりの効果があるというもの。ほめられる楽しさを知っているコほど、知らんぷりされたときの「つまらない」度合いが強まり、知らんぷりの効果が高まります。

point!

- ★知らんぷりで要求は一瞬悪化するけれど負けないで
- ★要求が完全にやんだところで正しい行動を指示

ステップアップ

知らんぷり＋正しい行動を指示

知らんぷりで要求をやめさせたら正しい行動を指示しましょう。

犬が要求の行動をとったら完璧に無視する

どんなに吠えても飛びついても、とにかく知らんぷりを貫き通します。

要求の行動を完全にやめたらほめる

飛びつきの場合は、足が完全に地面に着いて落ち着いたら、「いいコ」とほめます。

さらに落ち着いていたら正しい行動を指示する

ほめたあとも落ち着いていたら正しい行動を指示。ここでは「オスワリ」の指示を出します。(オスワリのさせ方▶92ページ)

指示した行動がとれたら思いきりほめる

ほめることで「飛びつくのではなく、オスワリをすると願いが叶う」と学習。

犬の性格

愛犬の性格に合わせたしつけのポイント

長所も短所も理解してしつけにいかして

犬の性格は、犬種の持つ特性や性別によって差が出るといいます。しかし、フレンドリーな犬種といわれるトイプードルのなかにも、頑固で気が強いコもいます。オスはテリトリー意識が強く、メスは性格がおだやかで甘えん坊が多いといいますが、もちろんそうでないコも。さらには、生まれついての性格も育った環境によって変化していきます。しつけは飼い主と犬とのコミュニケーションで成り立つもの。愛犬の個性を見極め、長所も短所も理解して、しつけにいかしましょう。

愛犬の性格タイプをチェック！

A～Dで合計個数がいちばん多かったものが、愛犬の性格タイプ。

A

- □物音がしても動じないことが多い
- □お手入れをいやがらずにさせてくれる
- □遊びに誘っても楽しく遊ぶときと遊ばないときがある
- □ほかの犬や知らない人に興味を示さないことが多い
- □呼ばれても、こちらを見ないことが多い

B

- □お客さんがくると、だいたい大喜びする
- □物音がすると音のほうへ行こうとする
- □遊びに誘うと、いつでも楽しそうに遊ぶ
- □ほかの犬を見ると寄って行くことが多い
- □もらったおやつはすぐに食べることが多い

C

- □抱っこやお手入れをいやがる
- □散歩中自分の行きたい方向へ進みがち
- □マーキングすることが多い
- □知らない人が近づくと吠えたりしていやがる
- □ほかの犬に自分から寄って行くけど相手がくると吠える

D

- □はじめての場所に行くと緊張してしばらく動かない
- □物音に反応することが多い
- □知らない人からもらったおやつはあまり食べない
- □ほかの犬や知らない人が近寄ると逃げることが多い
- □新しいおもちゃを与えてもすぐには遊ばない

※いちばん多かったものの合計が同じだった場合、両方の診断結果を参照してください。

C がいちばん多い犬「ワイルド」タイプ

芯が強くたくましい

野生の感覚にすぐれ、身のまわりの変化をいち早くキャッチして、行動するタイプです。自立心が強く、犬本来のたくましさと気高さを感じさせてくれます。

しつけのポイント

犬の強気な態度に思わず要求をのんでしまいがちに。食事や散歩、遊びなどは飼い主主導で行って。食事はオスワリの指示に従ってからにする、などとルールを決めておくとよいでしょう。

A がいちばん多い犬「おっとり」タイプ

おだやかでマイペースな性格

ものごとにあまり動じない、のほほんとしたタイプ。ささいなことに驚いたり極端に興奮したりといったことが少ないので、一緒に暮らしやすいタイプです。

しつけのポイント

マイペースすぎて飼い主に注目できないことも。アイコンタクトとオスワリはどんなときでもできるようにしておきましょう。指示を無視したときはそのままにせず、最後までやり遂げさせて。

D がいちばん多い犬「シャイ」タイプ

こわがりで慎重な性格

おとなしく慎重なので、興奮して騒ぐようなことは少なく、トラブルは起こりにくいでしょう。基本的に臆病なので、守ってあげたくなるタイプです。

しつけのポイント

苦手なことが多く、ストレスがたまりがちに。恐怖心から攻撃的になることもあります。苦手なものはおやつを使って慣れさせ、いい印象をつけてあげるようにしましょう。

B がいちばん多い犬「ほがらか」タイプ

フレンドリーで明るい性格

いつも陽気でハイテンション。好奇心も旺盛で、何ごとも前向きに取り組むタイプです。自己アピールも得意だから、飼い主をいつも楽しませてくれそう。

しつけのポイント

楽しいとはしゃぎすぎてしまうので、興奮を抑えるフセやマッテを教えておくとよいでしょう。楽しい散歩や遊びの前に、一度テンションを下げておくのがおすすめです。

ボディランゲージ

しぐさや動き、表情からわかる犬の気持ち

感情をくみとることができればしつけもスムーズ

犬に正しい行動を教えるときは、「これをするといいことがある！」と思わせます。だから、犬が「いいこと」と感じているかどうかがわからなければ、しつけは始まりません。感情をより正確に察知できれば、それだけしつけやトレーニングもスムーズ。ぜひ、愛犬の感情をくみとれる飼い主になりましょう。その際に役立つのが、ボディランゲージ。しぐさや動きを使って発する犬のメッセージです。知っておくと、しつけのためだけではなく、コミュニケーションを深めるのにも役立ちます。

▶図解　犬の気持ちが表れやすい部位

しっぽ

しっぽの位置は、優位性や服従性を示します。自信があるときは通常より上がり、恐怖やストレスを感じているときは下がります。また、しっぽを振る速度は興奮の度合いを表し、興奮が高まるほど早く振ります。

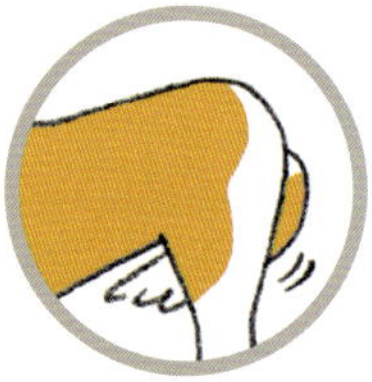

しっぽを足の間にはさむのは恐怖と服従の表れ。

しっぽを振るのは興奮しているとき。

point!

- ★しつけをするには犬の気持ちを知ることも大切
- ★ボディランゲージは犬からのメッセージ

耳

前に傾けるほど攻撃的な気持ちを表します。後ろに伏せるのは、恐怖を感じているとき。相手の機嫌をとるときにも後ろに伏せることがあります。

後方に折りたたまれるような状態は恐怖心やストレスの表れ。

目

目が見開かれているときは緊張、興奮状態にあるとき。まばたきしたり視線をそらしたりするのは敵意がないことを伝えます。

背中の毛

毛を逆立てるのは自分を大きく見せるため。攻撃的になっているときや警戒しているときに多く見られます。

毛を逆立てて、自分を大きく見せる。

鼻の上

攻撃性が増すごとに表情はこわばり、鼻にしわが寄ります。

鼻すじのしわは攻撃を表す。

口元

口を閉じて力が入っていないときはリラックスしているとき、口をゆるめて舌を出しているのは、楽しい気分を表します。歯をむき出しにするのは攻撃的なとき。

▶図解 飼い主によくするしぐさ

かまってほしいとき

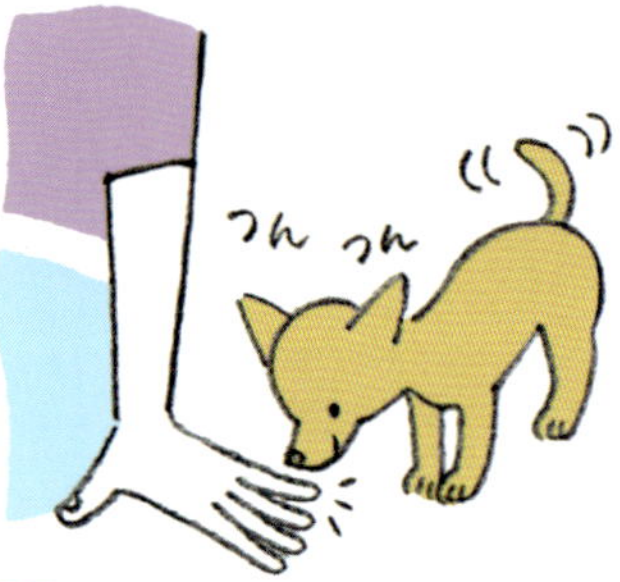

犬のキモチ **あれやって、これやって**

犬の行動 **人の手や足を鼻でつつく**

子犬が母犬に食べものをねだることから進化したサイン。飼い主には食事や散歩などのおねだりに使います。

犬のキモチ **気にかけて**

犬の行動 **飼い主の体にあごをのせる**

飼い主の注意を引きたいという気持ちの表れ。単純に、あごをのせると楽だからという理由でする犬もいます。

うれしいとき

犬のキモチ **遊ぼうよ！**

犬の行動 **ひじをついてお尻を上げる**

遊びに誘っています。遊びの最中にするときは、相手に「これは遊び」ということを思い出させる役目も。

犬のキモチ **しあわせ〜**

犬の行動 **床に背中をこすりつける**

ごはんや散歩、遊びなど、犬にとってうれしいことが起こる前に見せる行動。期待を全身で表現しています。

注意！

こんなしぐさは緊張や不安のあらわれ

犬は、仲間との対立を避けるためのボディランゲージを持っています。これは、「カーミングシグナル」と呼ばれ、ほかの犬に対してだけでなく飼い主に対しても使うようです。主に、自分のストレスを軽減するときと、相手を落ち着かせるときに使います。自分の鼻や足先をなめたり、何もないのに地面や床のにおいをかいだりするのは、不安や緊張を自分でやわらげようとするしぐさ。ゆっくりと動いたり、顔をそむけたり、あくびをしたり、ケンカをしている人の間に割って入ったりするのは相手を冷静にさせ、場の緊張を解こうとするしぐさです。
ただし、これらのしぐさがいつもカーミングシグナルとはかぎりません。不自然な場面のあくびも、本当に眠いだけなのかもしれません。ボディランゲージをきちんと理解するには、日ごろから愛犬をよく観察することが欠かせません。

カーミングシグナルの例

● あくびをする

緊迫している状況で犬があくびをするのは、相手を落ち着かせようとする行動。

● 体をブルブルと振る

近づいてくる人や犬に対して不安や恐怖を感じているときなどに行います。

● 足で首をかく

緊張した状況でしきりに首をかくのは、ストレスを感じているしるし。

戸田トレーナーが答えます！

犬のしつけのソボクなギモン 1

犬にしつけをするってなんだかかわいそう…

犬は人間社会のルールやマナーを自然に身につけられません

人間の子どもも家庭や学校などで、社会性を身につけるために、さまざまなことを教わっているはずです。犬もそれと同じ。しかも犬は人間の言葉がわかりません。犬に理解できる方法で、教えていかなければならないのです。「ほめて教えるしつけ」は、犬が理解しやすいうえに、ごほうびをもらったりほめられたりしながら、楽しく覚えていく方法。しからずにすむから、犬にも飼い主にも負担がかかりません。

うちのコ、ほかのコより覚えが悪い気がします…

ほかの犬とくらべずに前向きに考えて

以前になんでもスムーズに覚えられた犬を飼っていたり、理解の早い犬を目の当たりにしたりして、そう思ったのかもしれません。まれに覚えのいい犬がいることは確かですが、愛犬とくらべてみても仕方がありません。「これしかできない」ではなく、「これはできた」というように、考え方を前向きに変えてみれば、案外悩みはなくなるかもしれません。

成犬になってからしつけをするのは無理？

時間はかかるけど根気よく教えれば覚えます

問題を抱えていない子犬より、すでに抱えている成犬のほうがたいへんなことは確か。問題を軽減してから正しい行動を教えなければならないので、時間がかかるからです。でも、あきらめずに根気よく教えれば大丈夫。過去に10歳の犬のトレーニングを指導した経験がありますが、問題の要求吠えもおさまり、基本のしつけもマスターできました。犬がおやつを大好きだったから、楽しくトレーニングできたこともありますが、何より飼い主さんが決してあきらめなかったことが、よい結果を生んだようです。

PART 2

子犬のうちから
徹底したい！

いいコに育つ環境&しつけ

しつけは子犬を迎えたその日からするのが基本。いたずらや失敗しにくい環境を作り、トイレや留守番、散歩など、暮らしのしつけを徹底すれば、いいコに育つこと間違いなし！

部屋作り

いたずらできない環境作りがいいコに育つ第一歩

いたずらや粗相の原因になるものがないかチェック

犬には気になるものはなんでも口に入れ、かむ習性があります。かじると危険なコンセントはカバーを取りつける、中毒を起こしやすい観葉植物は置かないようにするなど、犬にとって危ないものがないか家のなかをチェクして対策を立てましょう。

また、犬はいたずらなどのしてほしくないことも、一度体験するとそれを覚え、くり返します。たとえば、ゴミ箱をいたずらして楽しい経験をした犬は、それを覚えてまたゴミ箱をいたずらするようになります。だからゴミ箱は、犬の口の届くところに置かないのがいちばん。玄関マットなどマット類も要注意です。トイレは、フローリングからトイレシーツへと足の感触が変わりますが、マット類もそれと同じ感覚を呼び起こします。いたずらや失敗、粗相などの原因になるものは、犬が成長するまで片づけておきましょう。

MEMO

敷物の敷き方に注意

床より面積の小さいマット類は、トイレと間違いやすいですが、床全体にカーペットを敷きつめるのは問題ありません。ただし毛足が長いものものは、犬の爪に引っかかりやすいので、毛足が短いものを選んで。

室内のココをチェック

犬の困った行動を未然にふせぐ部屋作りで、いいコに育てていきましょう。

マット

粗相のもととなるマットやラグは、トイレを覚えるまで取り除いておきましょう。

浴室の入り口

ドアを閉めていてもドアを開けて浴室に入り、浴槽に転落することもあります。浴室の前に柵をつけるなど、入れないようにして安全対策を万全にしましょう。

キッチンの入り口

食べられては困る食材や包丁などの危険なものがあります。入られないように柵を設置しておきましょう。

床材

フローリングはすべりやすく、犬の骨や関節に負担をかけます。毛足の短いカーペットやクッションフロア、コルクマットなどの床材を床全体に敷きつめるとよいでしょう。

テーブルの上

物を置いておくと、ひっくり返したり、かじったりして危険。灰皿や飲み物のカップ、リモコン、ペンなどの小さなものもすべて片づけます。

スリッパやごみ箱

かじられたり、ひっくり返されたりして困るものは床に置かないようにします。ゴミ箱はふたがついていてもじょうずに開けるコがいるので、注意が必要。

コンセントやコード

かじると感電する危険があります。コンセントにはカバーをつけたり、コード類もカバーをつけるか、届かないところにまとめておきます。

観葉植物

アイビーやポインセチアなど観葉植物のなかには、口に入れると中毒を起こすものもあります。小さなものなら、手の届かないところに移し、大きなものは柵を設置して近づけないようにしましょう。

家具

飾り棚タイプの家具には、犬の口の届く高さに小物類を置いておかないように。口に入れたり、遊んで壊したりします。

アイテム

子犬と快適に暮らすためのアイテム選び

子犬を迎える準備はしっかりと

子犬を迎える前に余裕を持って、犬の生活環境を整えるグッズを準備していきましょう。

必需品は、サークル、寝床となるクレート、トイレトレーやトイレシーツ、食器、おもちゃです。サークルで犬専用の生活スペースを作ることで、トイレを教えたり、いたずらを予防したり、解消したりできます。また、自分の居場所があるということで安心感や自立心も生まれます。

散歩や外出に必要となる首輪、リード、キャリーバッグなどもそろえていきましょう。

キホン

必要なアイテムをそろえよう

子犬と生活するうえで必要なものをそろえましょう。

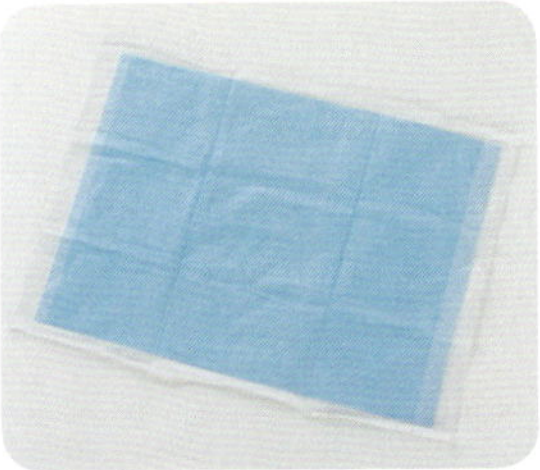

トイレシーツ▶ トイレトレーに敷いたり、サークル全体に敷きつめたり、屋外で使うこともあります。ワイドサイズ（約60cm×約45cm）以上の大きさを選びましょう。

サークル▶ サークルで囲って犬の居場所を作ります。子犬でも、2畳分くらいの広さはほしいもの。パーツを組み合わせて広さを変えられて、屋根がついたものを選びましょう。

トイレトレー▶ 犬がその場で一周回れるくらいの大きめのものを用意。トイレシーツを破ってしまうコもいるので、カバーつきのものだとトイレシーツが固定できておすすめ。

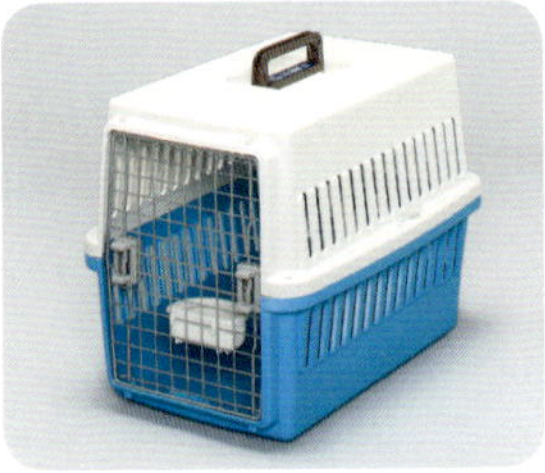

クレート▶ ハウスとして使います。立ったときに頭がぎりぎりつくくらいの高さで、足を伸ばして横たわれ、なかで方向転換できる広さがベスト。成長とともに買い替えます。

必要に応じてそろえたいアイテム

首輪▶ つけたときに、首輪の下に指が2本入る程度のフィット感でつけるのが基本。サイズが合っていることはもちろん、軽い素材で、バックルタイプのものがおすすめです。

トイレそうじグッズ▶ 毎日のトイレそうじ、粗相の処理用にぞうきんやトイレットペーパー、ウエットティッシュなどを、カゴなどにひとまとめにして、準備しておきましょう。

食器▶ 食事用と水飲み用でふたつ用意します。犬があやまってひっくり返さないように重さのあるもの、そして丈夫なものを選びましょう。ステンレス製か陶器製がよいでしょう。

リード▶ 丈夫な材質のナイロン製や革製がおすすめ。チェーン製は手を傷つけたり、プラスチック製はちぎれる可能性があります。160～180㎝の長さが適当です。

抜け毛クリーナー▶ 犬を飼ったら抜け毛対策は不可欠。抜け毛はそうじ機では取りにくいので、専用の抜け毛クリーナーやそうじ用の粘着ローラーでまめに取るようにしましょう。

おもちゃ▶ デンタルコットンなど飼い主と遊ぶためのおもちゃ、コング（▶69ページ）などひとり遊び用のおもちゃを用意します。思い切り遊ばせても壊れない丈夫なものを選んで。

トレーナー'sアドバイス

ケアグッズはペットショップに相談して

ブラシなどのお手入れのグッズは、犬種によって必要なものが異なります。購入するときは、ペットショップのスタッフに相談してそろえるようにしましょう。また、お手入れは子犬が家に慣れてから、少しずつ始めましょう。

消臭剤▶ オシッコやウンチのにおいを消すことができるので、粗相をしたときに便利。粗相をした場所にスプレーをすれば、オシッコやウンチのにおいが消えるので、同じ場所での失敗がなくなります。

キャリーバッグ▶ 電車やバスなどで移動するときや、ちょっとしたおでかけ、動物病院へ連れて行くときなどに便利です。クレートより軽く、小回りがきくので持ち運びが楽。丈夫なものを選びましょう。

商品協力／アイリスオーヤマ（トイレシーツ、おもちゃ、首輪、リードを除く）

ハウス

犬と飼い主が仲よく暮らせるハウス作り

庭つき一戸建ての広い居場所を用意するのが理想

サークルのなかにトイレや寝床、遊ぶ場所などをセッティングし、庭つき一戸建てのような広い居場所を確保してあげましょう。サークルを犬の基本の生活の場所とすれば、生活のけじめがつきやすくなり、トイレトレーニングや留守番など、人間と生活するために必要なことが教えられます。また、犬を見ていられないときは、サークルに入れることを習慣にしておきましょう。誤食などをふせいで安全に過ごすことができるうえ、いたずらなどの困った行動もふせぐことができます。

キホン

ハウス作りで気をつけたいこと

安全で快適な環境を用意し、子犬の欲求を満たしましょう。

サークルのスペースを確保

子犬にとって快適なハウスを作るには、それなりの広さが必要です。迎え入れる部屋を片づけるなどして、できるだけ十分なスペースを確保しましょう。

室内の温度

地域差や住環境にもよりますが、室温の目安は20～23℃。子犬の様子を見ながら、適温を保ってあげましょう。

セッティングする場所

適度に日当たりや風通しがよく、家族の目が行き届くリビングの壁際にセッティングします。エアコンの風が直接あたる場所や人の出入りが多い入り口付近や外が見えやすい場所、直射日光のあたる場所は避けます。

庭つき一戸建てシステム

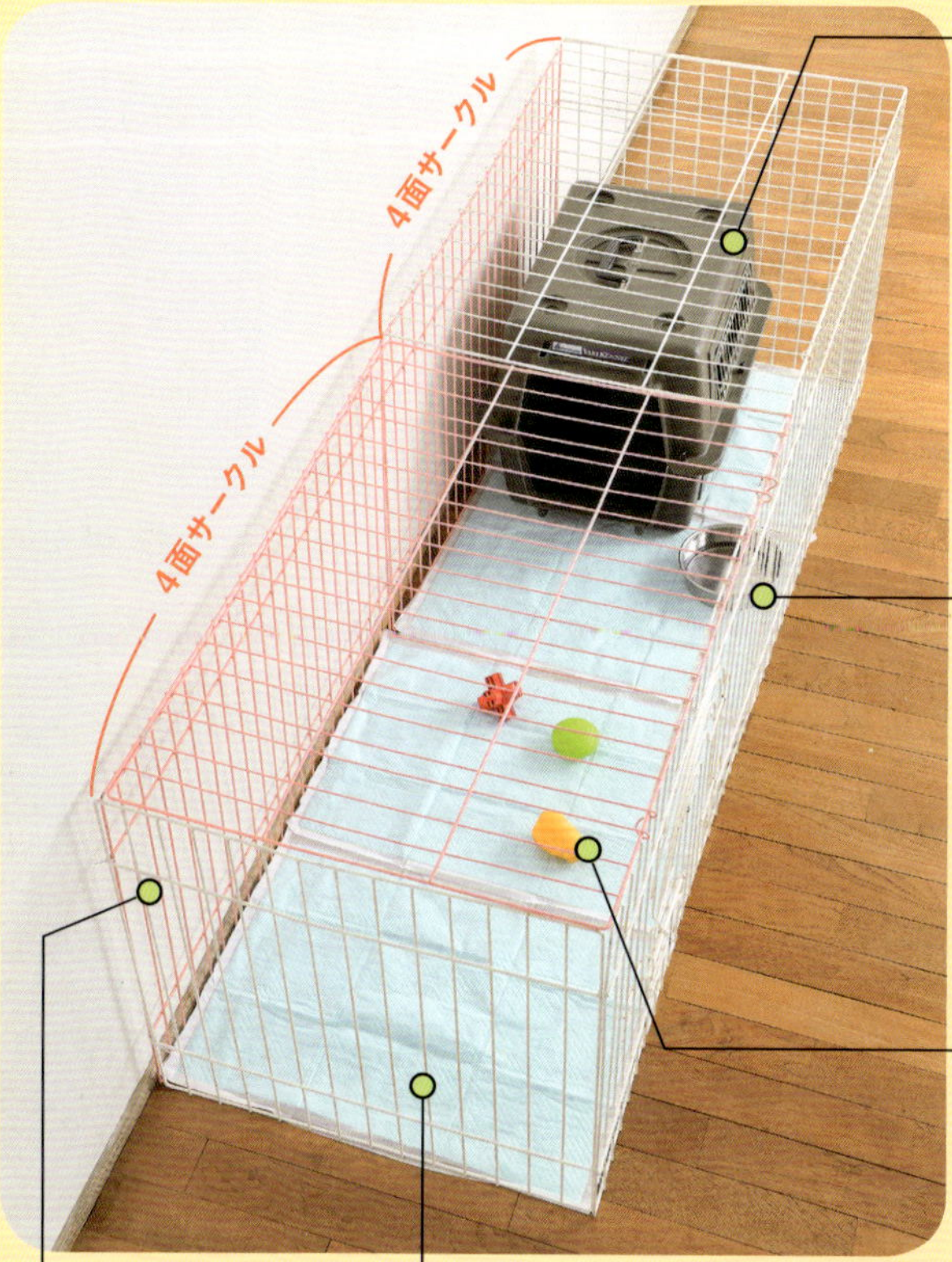

クレート（寝床）

寝床としてクレートを設置。このなかで食事も与えます。クレート内には使わなくなったタオルや毛布などを折りたたんで敷いてあげましょう。扉は安全に出入りできるように、開けて固定するか、取り外しておきます。

水入れ

いつでも新鮮な水を飲めるようにしてあげましょう。丈夫で重く、安定感のあるものを用意します。留守番のときは、サイフォン式やペットボトルを逆さにして使う給水器具を設置するのでも◎。

おもちゃ

長時間楽しめるコングやかじられても壊れないおもちゃを3個ぐらい用意して、入れておきます。

サークル

家族の集まるリビングに設置します。小型犬の場合は2つの4面サークルをつなぎ、大型犬の場合は8面サークルや部屋全体をサークルで囲んで広いスペースを作ります。サークルの角を90度に固定できるコーナージョイントで補強すれば、倒れにくくなります。屋根も設置しましょう。

トイレシーツ

はじめはどこでしてもいいように、サークルのなか全体にトイレシーツを敷きつめます。犬は寝床や食事場所を汚さないようにする習性があるため、クレートの近くでは排泄しなくなります。そうしたら、寝床の近くから徐々にトイレシーツを外し（▶55ページ）、最終的には寝床から離れたところにトイレシーツのワイド判1枚を敷くだけにし、スペースを小さくします。

トレーナー'S アドバイス

パワフルなコは、サークルを動かしてしまうことも

活発でパワフルなビーグルやコーギー、大型犬は、遊んでいるときなど、サークル自体が前や左右に動いてしまう場合があります。棚などを使ってサークルを押さえ、サークルが動かないように固定しましょう。

工夫して快適な生活環境を与えよう

家族のいるリビングに、十分な広さの庭つき一戸建てシステムを置くのがベスト。でも、どうしてもリビングには置けない、十分な広さを確保できないという場合もあります。そんなときは、住まいや家族の生活スタイルに応じたハウス作りを考えましょう。

リビングに置くいちばんの理由は、家族がよくいる場所だからです。家族がよくいる場所がほかにあれば、その部屋に置いてもいいのです。また、どうしても大きなハウスを置くスペースを作れないというときは、コンパクトながらも必要なグッズをそろえた庭つき一戸建てシステムにしましょう。「うちは狭いから無理…」などとあきらめず、できる範囲で工夫するようにしましょう。

\ case study /

生活環境別のハウス作り

住まいやライフスタイルは、人それぞれ異なります。いまある環境のなかで、犬にとってベストな居場所となるよう工夫しましょう。

case 01

家族がいるリビングに置けない場合は

人と関われる場所を選んで設置してあげましょう。

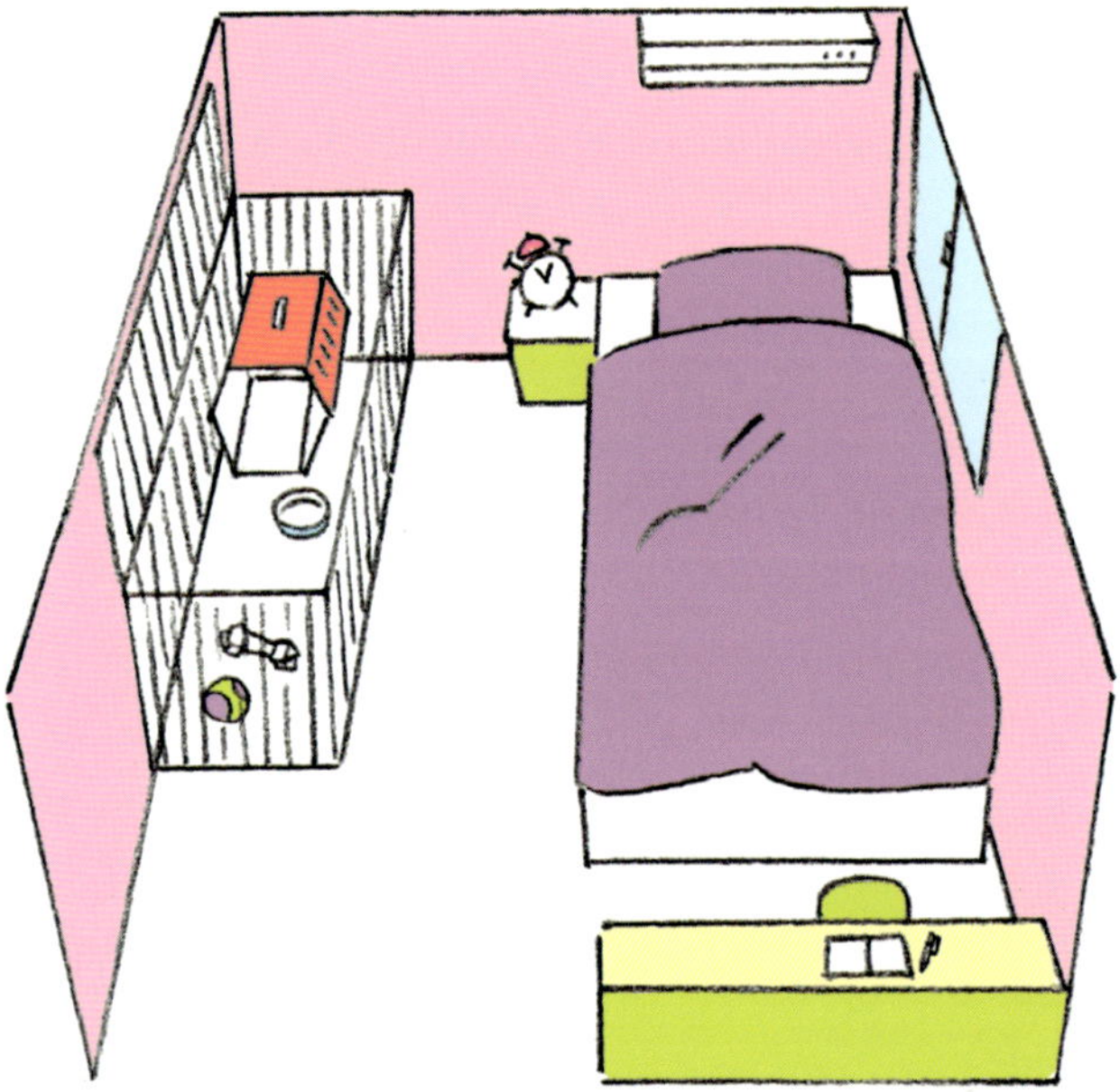

つぎに家族がよくいる部屋に用意

トイレなどのしつけや犬の適度な自立心を育てるため、人の気配が適度に感じられて、すぐに対応できる場所に設置するのがベスト。家族の集まるリビングに設置できない場合は、つぎに家族が集まる寝室など、見てあげられる場所に庭つき一戸建てを設置してあげましょう。設置する場所は、入り口付近や窓付近は避け、できれば壁に面したところで、子犬が落ち着けそうな場所を選びましょう。

MEMO

かじられたくない素材のものは与えない

かじりたい欲求は、本来、捕食動物の犬にとって本能と結びついたごく自然な行為です。とくに子犬はかじるのが仕事。留守番のときは、遊んでいるうちに壊れる可能性のあるおもちゃは与えずにしまっておくのがベスト。飼い主との遊び用にしましょう。また、サークルやクレート、家具などのかじられたくないものには、かみグセ防止スプレーをかけておくと◎。

落雷などの自然災害などに注意が必要

出かけるときにエアコンをつけたままにし、室温を管理しても、急な落雷など、自然災害によって停電になってしまうこともあります。長時間での留守が多い場合はそんなときのために、対策を考えておきたいものです。最近は電気を使わないクールマットや保温マットなどが市販されています。用意してあげるとよいでしょう。

case 02 ハウスを置く場所が狭い場合は

小さくても居場所はしっかり用意してあげましょう。

小さく作って必要なものをすべて設置

どうしてもスペースを確保できない場合は、小さくても同じようにクレート、トイレ、水入れなどをセットし、居場所を作ってあげることが大切です。狭い場所なので、長時間入れっぱなしにすると、ストレスがかかるコもいます。頻繁にサークルから出して遊んだりしてコミュニケーションをとりましょう。

case 03 留守がちなおうちの場合は

快適な庭つき一戸建てをしっかり準備しましょう。

安全なおもちゃを用意して、遊ぶスペースをしっかり確保

十分な広さの庭つき一戸建てを準備し、サークル内を基本の生活の場にします。サークルで過ごすことを当たり前にすれば、留守中や見ていてあげられないときにも安全が確保できるし、いたずらを防止することもできます。また、犬のふだんの様子を見て、留守のときはエアコンで室温を管理します。

ハウス
リード

困った行動を未然にふせぐ ハウスリードコントロール

ハウスリードを使って いたずらをふせごう

子犬を迎えたその日から、ぜひ行ってほしいのが、「ハウスリードコントロール」です。いたずらやじゃれがみなど、体験してほしくないことを未然にふせぐために使います。

犬をサークルから出して、室内を自由にさせるときに、必ずつけるようにしましょう。犬が困った行動をしそうになったら、リードを持って動きを止め、その行動を覚えさせないようにし、習慣化をふせぎます。ハウスリードは、犬を見ていられるときだけ使用し、また散歩時には使わないようにしましょう。

キホン

ハウスリードを使うときの注意点

ハウスリードを使うときは、下記に注意してしつけましょう。

見ているときにだけ使用

見ていられない場合は、リードを外してサークルに戻しましょう。ハウスリードが何かにからまって動けなくなる、けがをするなどのトラブルをふせぎます。

いいコになっても外さない

いたずらやじゃれがみなどをしなくなったからといって、すぐに外してノーリードで室内を自由にさせると、「今日からノーリード、やりたい放題にできる」と犬に勘違いさせてしまいます。勘違いさせないためには、犬がいいコになってきたら、ひもを切って徐々に短くしていきます。たとえ20〜30㎝になっても何かつけられていると思わせましょう。困った行動の防止につながります。短くしていって、最終的にひもがなくなったら、しばらくの間リードをつけるふりをし、ノーリードと思わせないようにするのが、困った行動を防止するうえで大切です。

部屋に放すときは行動範囲を狭く

ハウスリードをつけて放すときは、粗相などの問題行動をふせぐため、はじめは部屋に柵を設けるなどして、自由に動ける場所を制限します。トイレができるようになったら、徐々に行動できる範囲を広げてあげるとよいでしょう。

HOW TO

ハウスリードコントロールの仕方

じゃれがみを防止する

じゃれがみをする

遊んでいたら、手にじゃれがみをしてきました。

リードで犬を引き離す

リードを持って、犬の口が手に届かないよう引き離します。かまれた手は動かさず、その状態でしばらく無視します。

落ち着いたらほめる

犬が落ち着いたらリードを元に戻し、ほめ言葉をかけます。犬は、じゃれがみしても遊んでもらえないと学習します。

足がみを防止する

足がみをする

飼い主が動いたら、足をかんできました。

リードで犬を引き離す

リードを持って犬を引き離し、足は動かさないように。犬の首をしめつけないよう注意しながら、かもうとしなくなるまで、その状態で無視。

落ち着いたらほめる

犬が落ち着いてかむのをやめたらリードを元に戻し、ほめ言葉をかけます。かんでも遊んでもらえないと学習します。

かんたん!

ハウスリードの作り方

通常のリードは重さがあり、コントロールしづらい場合も。軽いものを手作りしましょう。

ひもとナスカンを用意

パーカーなどについている、アクリルひもを2m分とナスカンを用意しましょう。手芸用品店などで購入できます。

↓

ナスカンをつける

ナスカンのひも通し部分にひもを巻きつけて、はずれないようにしっかり結びます。リードのような持ち手は、家具などに引っかかるのを防止するため、作らないようにします。

食事

犬を健康に育てるための基本の食事

大切なことは犬の健康を守ること

犬の食事は、市販のドッグフードがよいという考え方もあれば、手作り食がいちばんという考え方もあります。犬の体質はもちろん、食事を用意する家族の生活サイクルもそれぞれ異なり、どちらがいいかは一概にはいえません。犬の体調を見ながら決めていきましょう。

成犬は1日2回でかまいませんが、子犬は消化や吸収能力が未発達なので、1日3～4回に分けてあげるのが基本。成長とともに必要な栄養量も変わるので、獣医師や犬の食育指導士に相談して切り替えていきます。

キホン 犬の食事の種類

犬のようすを見ながら、食事を決めましょう。

手作り食

季節ごとのさまざまな食材を使って栄養バランスを考えながら作ってあげましょう。ただ、完ぺきにやろうとするあまり、負担に感じてしまったり、そのせいで犬と過ごす時間が少なくなったりするのでは意味がありません。作る場合は、手作り食関連の本や犬の食育指導士のホームページなどを参考にして作りましょう。

ドッグフード

完全栄養食といわれるドッグフードには、ドライタイプとウエットタイプがあります。ドライタイプは、犬の食事として一般的で、保存性が高いですが、開封後の酸化には注意したいところ。ウエットタイプはにおいが強くて手作りの食感に近く、食いつきがいいのが特徴です。どちらも原材料をよく見て、品質のよいものをあげましょう。

月齢別フードメニュー（市販のドッグフードの場合）

成犬になるまでは子犬の発達段階によって、フードを替えていかなければなりません。獣医師に相談しながら、決めていきましょう。

11か月以上

成犬用フードを与える

体の成長が止まり、成犬並みの体格になったら与えます。切り替える際は、パピーフードと1：1で混ぜ、1週間ぐらいかけて、成犬用フードの量を少しずつ増やし、切り替えます。

4～10か月

パピーフードを与える

体が成長している間は、栄養価の高いパピーフードを与えます。成犬用に切り替える場合は、犬の成長を見て獣医師に相談を。

2～3か月

離乳食を与える

離乳食とは、ドライフードにお湯をかけ、指でつぶしたペースト状のもの。4か月頃までにドライフードを食べられるように徐々に固めにします。

フードの種類別メリット・デメリット

市販のドッグフードと手作り食、どちらがいいかは一概にいえませんが、メリットとデメリットを踏まえて、食事を考えましょう。

フードの種類	メリット	デメリット
ドッグフード	栄養バランスが計算されていて、時間と手間がかかりません。保存性が高いのも魅力。ただ、ウエットタイプは水分が多いため、子犬のうちはカロリーを摂取しにくいこともあります。	毎日同じものを食べていると、犬の食に対しての楽しみがなくなっていく可能性があります。たまには、違う種類のフードを与えるようにしましょう。
手作りフード	犬の体調や体質に合わせて、様子を見ながら調整できます。食事の新鮮さやあたたかさ、安心できる食材を選べるのもよいところ。	毎食手作りだと、飼い主が負担に感じてしまうこともあります。1週間分など、まとめて作って冷凍保存しておくのも一案です。

与えてはいけない食べ物に気をつけよう

注意！

タコ・イカ

甲殻類は、犬にとって消化しにくい食材。おなかを壊すこともあるのであげないようにしましょう。

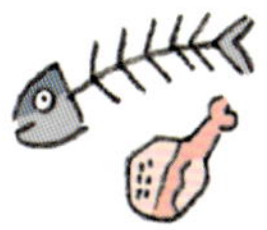

加熱した骨

生の場合は、かみ砕きやすいため、心配は少ないですが、加熱した骨は固く、のどや内臓に刺さりやすくなります。

ネギ類

長ネギや玉ねぎなどには溶血作用があります。貧血や血便などの症状がでることも。

加工食品・刺激物

こしょうやトウガラシなどのスパイスはおなかを壊してしまうことも。味噌やしょうゆ、ソースなどの調味料、人間用の加工食品も避けましょう。

チョコレート

チョコレートに含まれるテオブロミンという成分が、おう吐や下痢などの中毒症状を引き起こしてしまいます。

人間の牛乳

人間用の牛乳を飲ませると、下痢の症状を引き起こすことがあります。水以外の飲み物を与えないようにします。

食事

食事のルールは子犬のうちからしっかり教えて

時間や与え方はあえて不規則に

1回の食事の量や与える時間は厳密に決めておく必要はありません。犬は時間の感覚に敏感で、定時に食事をあげていると、その時間を覚えて、時間になってもごはんが出てこないと、吠えて要求することがあります。しかも用事や残業などで帰りが遅くなることも。そういったときのために、ごはんの時間は毎日ぴったりの時間に決めないようにしましょう。

また食事の前に「オスワリ＋マッテ」（▼96ページ）の状態でアイコンタクトさせると、落ち着いて与えられます。

キホン

食事のときに気をつけたいこと

食事時間のとり方など、気をつけたいポイントがあります。

食器を下げるタイミング

食器への執着心を持たせないようにするため、食器は食べた後すぐに片づけたり、ちょっとしてから片づけたりするなど、下げるタイミングをパターン化しないようにし、犬が食器から離れているときにします。その際、食器よりも魅力的なおやつと交換して、おやつを食べさせながら、「チョウダイ」と声をかけ、食器を下げます。食器をなめたりしているときに下げるのはやめましょう。攻撃性の強いコに関しては、トレーニングが難しいのでほめてしつけるプロのトレーナーについて、いっしょにトレーニングをしましょう。

食事の与え方

食べないときは、20分を目安に片づけましょう。食事を置いたままにしておくと、いつでも食べられると思って、だらだらと遊びながら食べるようになってしまいます。食べないなら食事は下げ、おなかがすいてかわいそうなどと、中途半端な時間に与えたりしないように。食事は出されたときに食べなければいけないと教えます。

人間の食べものを与えない

人間の食事は塩分や糖分、脂肪分などが多く、犬にとって消化の悪いものもあります。また、一度あげてしまうと、おねだり吠えなどを覚える原因にもなります。犬の健康に害を与えるだけでなく、困った行動も引き起こすことになりかねません。絶対にあげないようにしましょう。

HOW TO

落ち着いて食べさせる練習

ハウスリードを持ち、食器を置く

ハウスリードを使い、子犬の動きを制御しながら、子犬から少し離れた位置に食事の入った食器を置きます。おやつを手にいくつか握りこみます。

「オスワリ＋マッテ」の指示を出し、アイコンタクト

「オスワリ＋マッテ」(▶96ページ)の指示を出し、アイコンタクト(▶88ページ)をします。おやつをあげながらこれを数回くり返します。

「OK」の指示を出す

「OK」の指示を出して、食べさせます。待たせる時間は、短い時間にしましょう。

食べない場合は原因を考えよう

注意！

子犬が食事を残すのは、何か理由があります。食事の量が多い、具合が悪い、おやつを食べすぎておなかがいっぱい、運動をしていないのでおなかが減っていないなど、いろいろ考えられます。食べないときは、原因を考えて対処してあげましょう。食事の量が多くないか、おやつを与えすぎていないか、遊びや散歩などの十分な運動ができているかなどチェックをし、思い当たる点があれば改善します。それでも食べないようなら具合が悪いのかもしれません。もし、いつもと様子が違い、具合が悪くて食べないようなら、すぐに病院へ連れて行き、獣医師の診察を受けましょう。

トイレ

「大きいトイレ」を作って教えることがトイレを覚える近道

失敗させない環境作りが大切

犬と暮らすうえで、まずいちばんに覚えてもらいたいのがトイレではないでしょうか。トイレを早く覚えてもらうコツは、子犬が粗相をする機会をなるべく作らないこと。そのためには、庭つき一戸建てシステムのハウスを用意し、はじめのうちはどこでしてもいいように、サークルの床全体にトイレシーツを敷きつめます。

そして、愛犬の排泄のタイミングや排泄のサインを知っておき、サークルを出ているときには、飼い主がタイミングよくトイレに導いてあげましょう。

キホン

排泄のタイミング

排泄のタイミングを見計らい、トイレに連れて行きましょう。

遊びや運動をしたあと

飼い主と遊んだり、散歩に行ったりしたあとなど体を動かしたあとは、頻繁に排泄したくなります。

室内で自由にしているとき

室内で自由にしているときは、思った以上に体を動かしているもの。10分、15分という短い間隔で排泄する場合も。排泄した時間などをメモに取り、タイミングを計ってトイレに連れて行きましょう。

寝起き

一度寝て起きたときは、オシッコがたまっているものです。

食後や水を飲んだあと

ごはんやおやつを食べたり、水を飲んだりしたあとは、排泄しやすくなります。

興奮したあと

興奮し、動き回ったあとも排泄しやすくなります。

check!

一般的な排泄のサイン

□ 床や地面のにおいを嗅ぐ

落ち着かないようすで地面のにおいを嗅いでいたら、排泄場所を探している可能性があります。

□ その場でくるくる回る

排泄場所を決めると、その場でくるくる回る動作をします。

キホン

庭つき一戸建てに大きいトイレを準備しよう

最初はサークルの床全体にシーツを敷きつめて、どこでしても成功に。

床には汚れてもいいようシートなどを敷いておく

オシッコがあちこちにはみ出したり、フローリングの床が汚れたり、オシッコが浸み込むのが心配なら、市販の防臭のすべり止めシートやクッションフロアを床に敷いておくと安心です。また、サークルが犬の動きによって前や左右に動くのを防止できます。

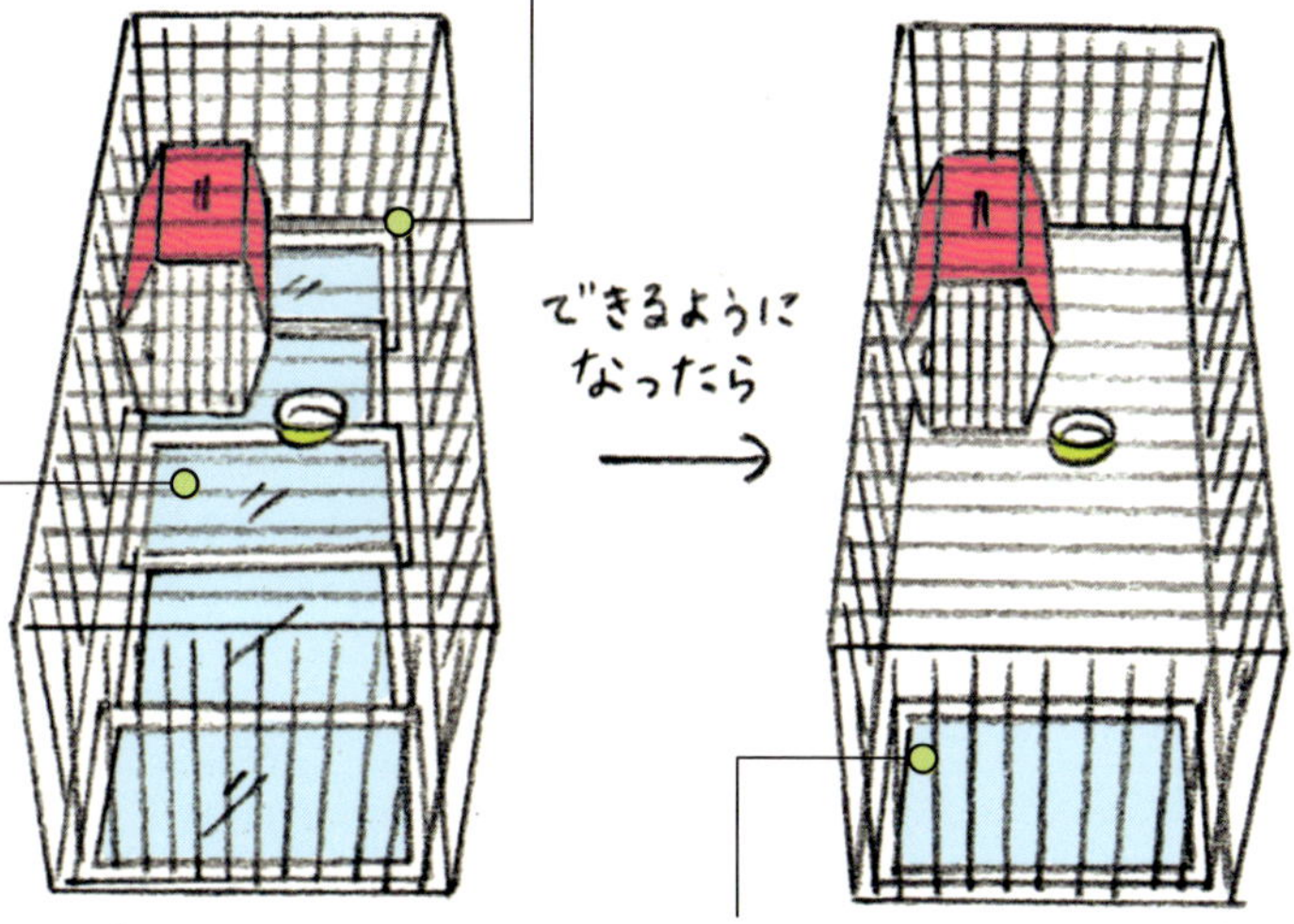

最初はトイレシーツを敷きつめて

はじめは、サークルの床全体にトイレシーツを敷きつめて、トイレトレーニング（▶57ページ）を。クレートで食事をしたり、寝たりする習慣がつけば、クレートのそばで排泄することがだんだんとなくなります。そうなったら、クレートのそばのシーツから外していって、最終的にトイレトレーの上のシーツでするようにします。

最終的に トイレシーツは1枚に

トイレシーツを少しずつ外していき、最終的には1枚にします。そうしたら、トイレシーツの下にトイレトレーを使っても。

MEMO

平日留守がちなおうちの場合は

トイレを見てあげられないし、トレーニングも難しいので、留守がちな場合も同様に、どこでしても失敗にならないようにトイレシーツを敷きつめて、トイレを大きくしておくことがポイントです。サークル内に入れて出かけ、失敗体験をさせずに根気よく進めることが大切。家にいるときは、トレーニング（▶57ページ）をしてあげましょう。

トイレ

トイレトレーニングは根気よくしっかりと

愛犬の排泄のタイミングを見極めておくことも大切

トイレトレーニングは、飼い主が犬を見ていられるときしかできません。時間を作って積極的にトレーニングしていきましょう。また、失敗してもしからず騒がず、犬に見られないように片づけることが大切です。

子犬（生後6か月くらいまで）が排泄をがまんできるのは「月齢＋1時間」くらい。最初は排泄の記録をつけて、愛犬が排泄をがまんできる時間を見極められるとスムーズです。タイミングよくトイレに連れて行き、完ぺきに覚えるまでトレーニングを継続しましょう。

キホン

失敗したときに気をつけたいこと

犬が失敗しても反応しないことが大切です。

大騒ぎしない

失敗を発見すると、「キャー」など大声を出したくなりますが、騒ぐのはかえって逆効果。犬はオシッコを失敗すると注目してもらえると思ってしまいます。飼い主の注意を引くために排泄するようになることも。

叱らない

トイレをまだ理解していないのに失敗をしかられても、犬はなぜ飼い主が怒っているのか、意味がわかりません。しかられるのがこわくて隠れて排泄するようになったり、「かまってもらえた」と勘違いすることも。

ハウスに入れてあと片づけ

あと片づけをしていると、手の動きなどに反応してじゃれてくるコもいます。遊びと勘違いしてしまうので、犬はサークルのなかに入れて、犬にわからないようにさりげなくあと片づけをするようにしましょう。

体罰を与えない

たたいたり、オシッコをしたところに犬の鼻を押しつけたり、オシッコの失敗のたびに体罰を受けていると、犬の心も傷つきます。そして、「オシッコ＝しかられる」と覚えて飼い主から隠れてするようになります。

HOW TO

トイレトレーニングの仕方

1

排泄のタイミングでトイレに連れて行く

連れて行く途中でしてしまう失敗を避けるため、前にした排泄の時間を考えて早めのタイミングで抱っこして、連れて行きます。

2

サークルに入れるときは扉から入れる

犬がみずから歩いて入るように、扉からサークルへ誘導。入ったらそこでほめて、扉を閉め、サークルに入ることはいいことと認識させます。

3

目線を合わせないように言葉がけをする

トイレで正しく排泄し始めたら、目線を外してゆっくりやさしく排泄を促す「ワン・ツー」などの言葉がけを。言葉と排泄行動を関連づけます。

4

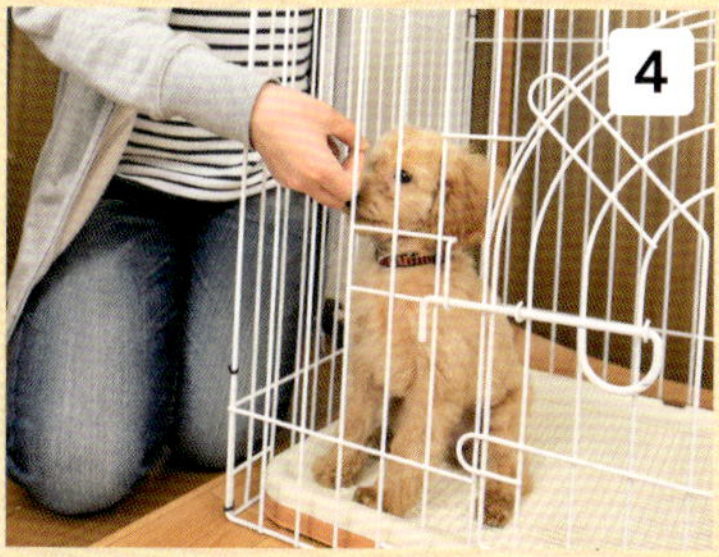

排泄に成功したら、すぐにほめる

排泄したらすぐにほめます。はじめのうちはおやつをあげるなどし、トイレでの排泄=いいことがあると思わせます。

5

屋根をあけてハウスリードをつける

サークルのなかでほめたら、屋根をあけてハウスリードをつけます。

6

子犬をサークルから出す

ハウスリードをつけたら、扉を開け、外に出します。これもごほうびになり、犬はサークルに戻って排泄するといいことがあると学習します。排泄をしているときに「ワン・ツー」と声がけしておくと、将来その言葉がけで、オシッコをさせやすくなります。

トイレは室内のサークルでも外でもできるようにしておこう

飼い主の悩みや気がかりが軽減

トイレシーツで排泄できるようになっても、成長して外で排泄をすることを覚えると、外でマーキングをしたいがために部屋でしなくなるコも。そうなると、トイレシーツ代も浮くし、家も汚れずこれ幸いと、飼い主がトイレを片づけてしまうケースがあります。楽なように思えても、外でしかしないので、どんな事情があっても、途中で用事を切り上げてトイレのために、出先から家へ戻ってこなければなりません。これはお互いにとって大変な負担になります。

外でしかしなくなった犬に、部屋のなかでするようにしつけるのは大変なこと。そうならないためにも、子犬のうちからトイレを部屋でも外でも声がけでできるようにしておくと、日々の負担や気がかりが減ります。

トイレは根気よく教えることが大切

本来犬には、1か所でトイレをする習慣がありません。あちこちで排泄をするのが普通なので、トイレトレーを置いただけでは、トイレを覚えてくれません。トイレを覚えるまでは、くり返し連れて行き、「トイレシーツで排泄するといいことがある」と思わせる必要があります。根気よく教えましょう。

check!

トイレを覚えられないのは？

□ 排泄のタイミングが合わない

1週間くらい、愛犬の排泄の記録をつけてみましょう。排泄には個体差があるので、どうしてもタイミングがわからない場合は、5分〜10分ごとにトイレに連れて行ってみましょう。

□ 失敗したときに罰を与えている

しかるなど失敗したときに罰を与えていると、排泄したこと自体をしかられたと勘違いし、隠れて排泄するようになる可能性も。失敗しても罰を与えず、根気よくトレーニングしていきましょう。

□ 間違いやすいものがある

ペットショップやブリーダーのところで使われていたトイレが、新聞紙やタオルなどいまと違っていたら要注意。それらがあると、勘違いして排泄してしまうので片づけておきましょう。

□ トイレが汚れている

犬は汚れた場所で排泄するのを好みません。トイレシーツは汚れたらそのつど取り換えるのが基本。留守が多い場合は、トイレを大きくしておくと、汚れたスペースを避けて排泄できるので◎。

パターン化しない ほめ方いろいろ

排泄後、ほめるときには、ほめ方をランダムにしましょう。いろいろな方法を使うことで、おやつの要求吠えをふせぐことができます。

フードを与える

ごほうびのひとつとして、トイレの近くに準備しておくと◎。フードやおやつをあげるのもよいですが、頻繁にはあげないように注意。

散歩に行く

散歩に行くことが大好きなコなら、散歩に連れて行ってあげるのも◎。ただし、外を歩かせるのは、ワクチン接種が終わってから。接種前は、抱っこ散歩にしておきましょう。

部屋に放す

サークルから広い部屋に出られることは、子犬にとって大きなごほうびになります。部屋の片づけはしっかりとしておきましょう。

言葉でほめてなでる

子犬にわかりやすいように、じょうずにできたときには、すぐにほめてあげましょう。なでてあげると、子犬とのスキンシップもとれて◎。

スキンシップ

スキンシップで犬の健康チェックをしよう

どこを触られても大丈夫なコに育てよう

犬の体をどこでも十分に触れるようにすることは、とても大切なこと。触られるのが嫌いな犬になってしまうと、日常の手入れはもちろん、動物病院での診察など、スムーズにいかないことがたくさん出てきます。

基本的に犬はやさしくなでられることが好きですし、互いに信頼関係が築ければ、喜んで身をまかせてくれます。背中や首筋などの敏感ではない部分から触って慣れさせます。足先など犬がいやがるところは、ごほうびをあげながらやさしく触り、少しずつ慣れさせましょう。

お手入れは健康維持とコミュニケーションの手段

犬の体を触れるようになったら、ブラッシングなどのお手入れもしてあげましょう。犬はよく自分の口でなめて毛づくろいをし、お手入れをしますが、それには限度があります。

お手入れは、単に見た目をきれいに美しく保つだけではありません。ダニやノミなど、体への寄生を予防し、衛生的にケアをすることで、子犬を皮膚病から守ります。また、日常的に体に触れることで、病気の早期発見にもつながります。子犬の健康維持のために欠かせないことなのです。

キホン

スキンシップのコツ

コツを踏まえてスキンシップをじょうずにとりましょう。

話しかけながら触る

言葉をかけながら触ることで、犬はリラックスできます。ゆったりとした気持ちでやさしくなでてあげましょう。

嫌いなところは徐々に慣らす

顔まわりや足先など、おとなしく触らせてくれないところがある場合は、絶対に無理強いしないでください。ごほうびなどを使って、時間をかけて受け入れられるようにしていくことが大切です。

スキンシップの前に遊ぶ

スキンシップをとる前に、遊びや運動を十分に行います。子犬が疲れてヘトヘトになっているときを見計らって始めます。

HOW TO

スキンシップのとり方

1

パワーを発散させる

スキンシップをとる前は、必ず遊びや散歩、運動をして、パワーを発散させ、疲れさせます。リードは、犬が暴れたり、逃げたりするのをふせぐため、忘れずにつけます。ふたりでできるなら、分担して行うとよいでしょう。

背中からしっぽを触る

リードを持ち、ガムなどをかじらせます。背中からしっぽにかけて、ゆったりとした気持ちでなでます。

耳を触る

ガムをかじらせながら、片方の手で耳を毛の流れに沿ってやさしく触ります。マッサージするように触ると喜びます。

胸から足先を触る

ガムをかじらせながら、胸から足先に向かってゆっくりやさしくなでます。

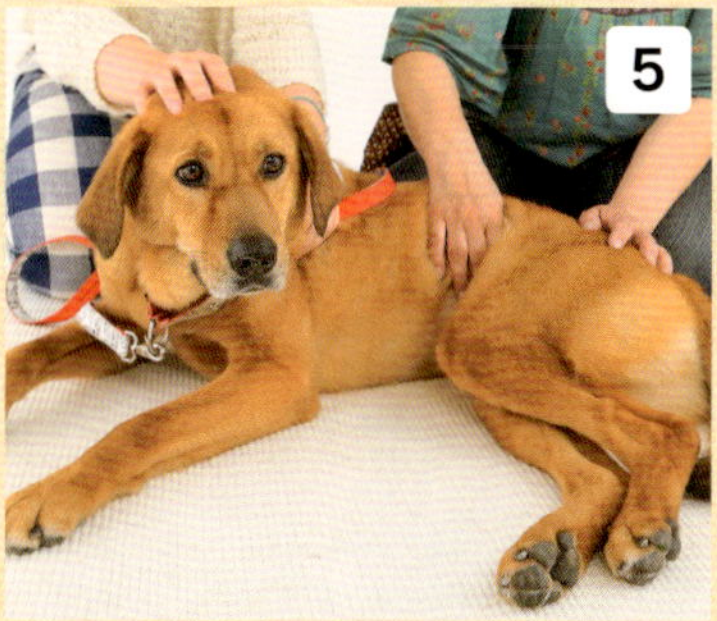

頭や背中、おなかの脇を触る

犬が気持ちよくなって落ち着いているようなら、頭や背中、脇をゆっくり触っていきます。

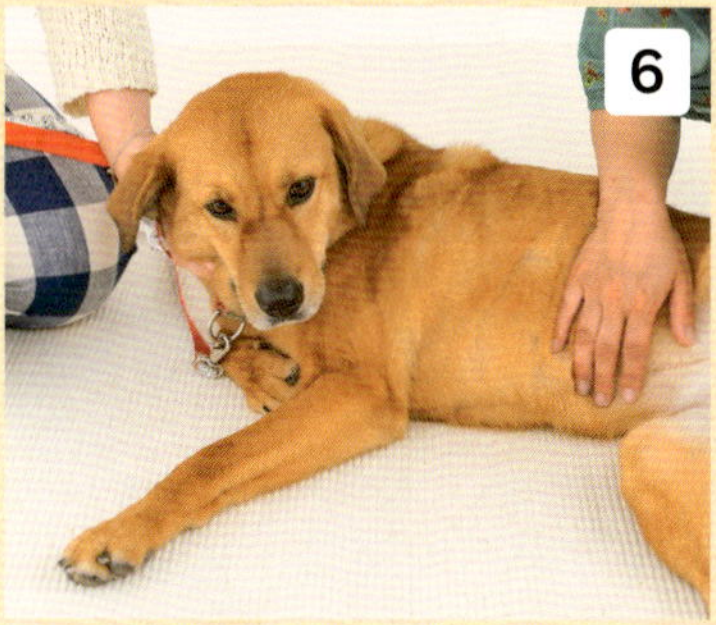

おなかを触る

犬がリラックスしてみずからおなかを見せるようになったら、ゆっくりやさしくなでてあげます。

HOW TO

抱っこの仕方

足に腕を入れる

犬の横から前足の間に腕を入れます。もう片方の手はお尻のあたりをしっかり支えます。

抱っこする

このとき「抱っこ」と声かけし、抱っこします。お尻をしっかりと抱え込み、安定させます。

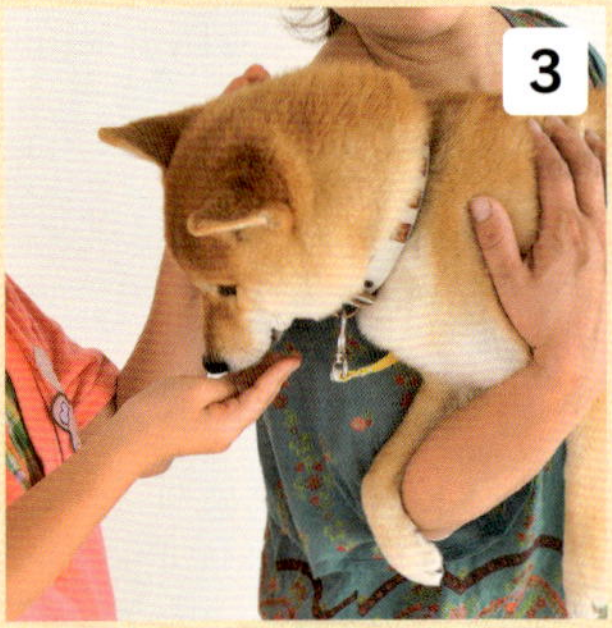

ごほうびをあげる

おとなしく抱っこができたら、「いいコ」とほめて、ごほうびをあげ、頭をなでてあげましょう。

HOW TO

口を開ける練習

! この練習は、歯みがきや薬を飲ませるとき、病院での診察、誤食したときなど、口を開けなければいけないときに必要です。ただし、攻撃的な行動が見られる犬にはやらないでください。

STEP1 / 口のまわりを触る

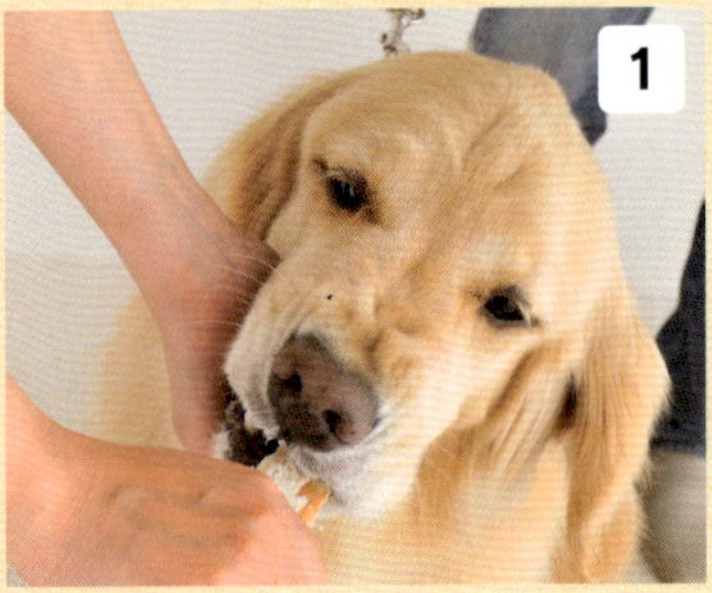

ほおを触る

ガムをかじらせながら、ほおをやさしく触りましょう。

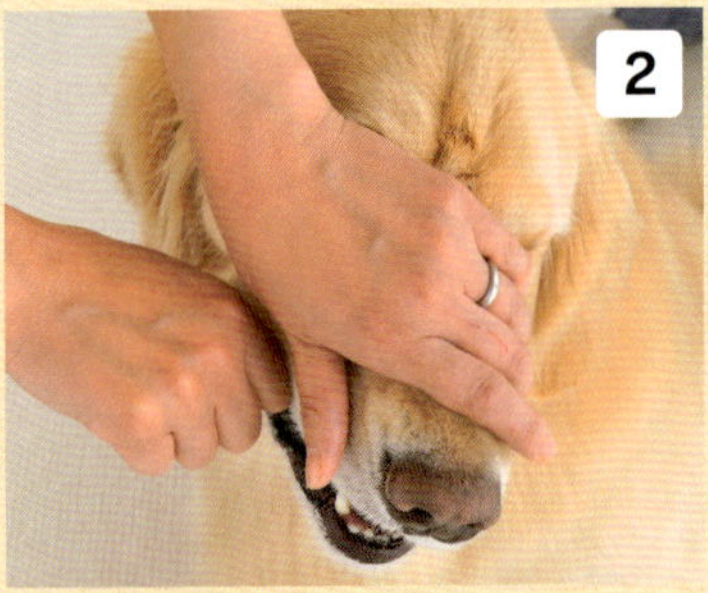

マズルを触る

ガムをかじらせながら、真正面からつかまないようにし、おでこからゆっくりやさしくなでます。

MEMO

布を使ってかんたんに歯みがき

口を開けられるようになったら、ぜひ歯みがきを。ガムをかじらせながら、ガーゼを巻きつけた指を、唇の内側に入れ込むようにし、みがきます。犬用歯ブラシを使っても。

STEP2 / 口を開ける

においをかがせてマズルを触る

大好きなおやつのにおいをかがせながら、マズルを触ります。

口を触る

おやつのにおいをかがせながら、左手で、犬の上唇で歯をくるんで持ち上げるようにします。

下あごを少し下げる

左手でマズルを触り、右手の小指で下あごを少し下げます。

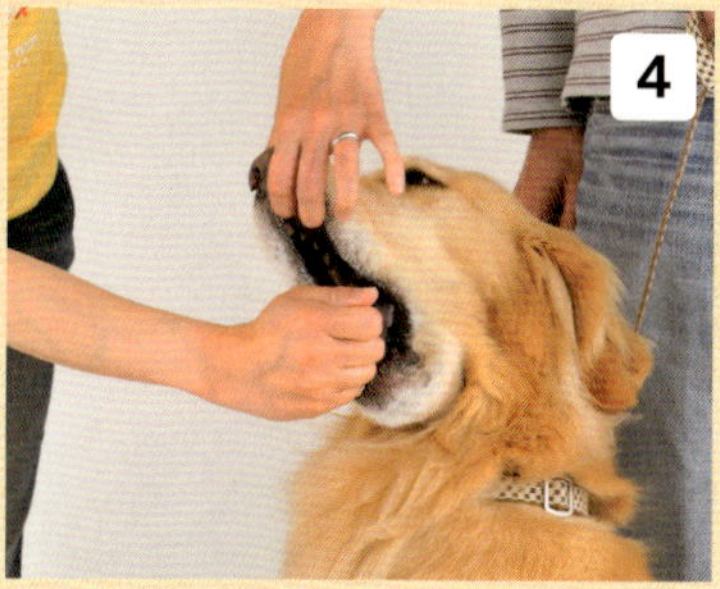

口を開かせておやつを置く

「あ〜ん」と声かけしながら、口を開かせておやつを口の中に置いてほめます。

注意！

成犬に行う場合はとくに気をつけて！

口を開ける練習は、子犬のうちからトレーニングを始めるのがベスト。口まわりはとくに敏感な部分なので、無理に行うと、いやなことをされたと感じ、それをやめさせようとするためにかんでしまうことも。とくに成犬になってから口まわりのトレーニングを行うのは、警戒心も強く難しい場合がほとんどなので、気をつけましょう。

HOW TO

ブラッシングの仕方

◆用意するもの◆　コーム、コング

コングを与えながら、コームをかける

犬にリードをつけ、リードをひざで踏んで固定します。コングにおやつを入れて与えながら、やさしくコームをかけます。

終わったら、おやつとコングを交換

コームをかけ終えたら、おやつをあげて、コングと交換します。ブラッシングに慣れるトレーニングの一環として行いましょう。

被毛のタイプを知って、ブラシを選ぼう

犬の被毛は毛質も長さもさまざま。毛質を参考に、子犬に合ったブラシを選びましょう。

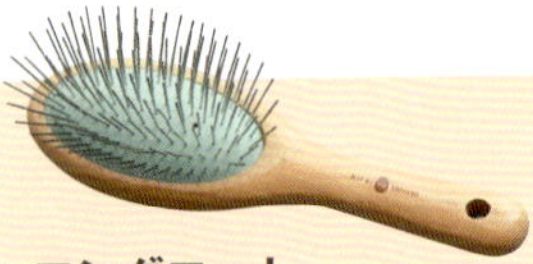

ロングコート

ロングコートは、長い被毛のことで、ポメラニアン、ゴールデン・レトリーバーなどに見られ、毛質は直毛やウェービーなどさまざま。ピンの先がある程度太いタイプのピンブラシが、毛のもつれをほぐしやすいので向いています。

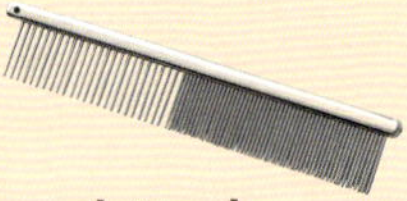

ショートコート

ショートコートは、やや硬めで、スムースコートよりボリュームのある日本犬やウェルシュ・コーギーなどに見られる毛質です。金属製の顔まわりも使えるコームで整えましょう。また、コームはすべての毛質のブラッシング後の仕上げにも使えます。

ワイヤーコート

ワイヤーコートは上毛が硬く、針金状の毛質で、ミニチュア・シュナウザーやテリア犬種に見られます。「く」の字に曲がった細かいピンがついているスリッカーブラシがおすすめ。毛のもつれをほぐし、抜け毛を取り除きます。

スムースコート

短かくまっすぐな毛質で、チワワやブルドックなどに見られます。抜け毛やほこりを吸着しやすい、やわらかいゴム製のラバーブラシがおすすめです。

HOW TO

足ふきの仕方

◆用意するもの◆ ハンドタオル

● **立たせた状態でふく**

抱っこが難しい場合や大型犬は、立った状態でふきます。ひとりが、リードを持っておやつをあげ、もうひとりが足をふくとスムーズ。

● **抱っこしてふく**

足に触れることに慣れさせます。ふたりでできるなら、ひとりが抱っこをしておやつをあげている間に、もうひとりが足をふきます。

MEMO

つめ切りや肛門腺のケア、シャンプーは専門家に

お手入れを自分でしてあげることも大切ですが、つめ切りや肛門腺のケア、シャンプーなどの技術が必要なものは専門家にまかせたほうが安心。たとえば、無理につめ切りをし、犬がけがをしてしまっては元も子もありません。また、その経験がいやなことと認識されてしまうと、足を触らせなくなり、足ふきすらできなくなってしまいます。お世話をしてあげようとする心がけは大切ですが、無理をせず専門家に頼ることも大事です。

トレーナー'S アドバイス

お手入れグッズは犬種によって必要な道具が異なる

長毛のコはコームのほかにスリッカーブラシが必要だったり、短毛のコはラバーブラシが必要だったりと犬種によって必要なものが異なります。初心者でも安全に使えるものを、ペットショップのスタッフやトリマーに相談して、徐々にそろえましょう。

犬の皮膚はデリケートなので、ブラシの使い方には細心の注意を

ブラシは間違った使い方をすると、皮膚を傷つけ、犬に痛い思いをさせてしまうことも。とくにスリッカーブラシを使う犬種の場合は、ペットショップのスタッフに使い方を教えてもらい、実際に使う前に力加減などを練習しましょう。

留守番

犬が安心できる環境を作って留守番に慣れさせよう

留守番を当たり前にしておきたい

　家のなかから家族がだれもいなくなる時間は、どんな家庭にもあるはず。機会は少なくても、愛犬に留守番をさせることがあるなら、はじめから留守番を日常的で当たり前のものにしていきましょう。必ず帰ってくるとわかれば、留守番中も安心して遊ぶなどして過ごせます。

　家に慣れてきたら、犬のそばから人が離れ、家のなかで別の部屋にいるなど、だれもいなくなる状況を経験させます。最初は短時間から慣れさせ、徐々に時間をのばせば、本当の留守番もできるようになるはずです。

留守番をさせるには飼い主の心の安定が大切

　犬は本来、群れで生活する動物なので、長時間ひとりで留守番をするのは苦手です。だからといって、「留守番はかわいそう。大丈夫かな」などと、出かけるときにあまり過剰に心配すると、その動作や雰囲気が犬に伝わり、犬を不安にさせてしまいます。飼い主の心の安定も大切なのです。

　犬に留守番をさせてかわいそうと思うのではなく、飼い主がいない状態に慣れてもらうという気持ちで、気楽に出かけていきましょう。外出する気配を感じさせないようにします。

キホン

留守番のときこそ庭つき一戸建てが重要

留守番が問題なくできるコに育てましょう。

庭つき一戸建てに入れていく

庭つき一戸建てを準備しておけば、寝床やトイレ、水を入れた食器、おもちゃもあるので、問題なく留守番ができます。おもちゃはコングやガムなど、犬が夢中になれるものを数種類用意し、サークルに入れていきましょう。ただし、これらのおもちゃを留守番のときにだけ与えていると、おもちゃ＝留守番と覚えてしまうので、人がいるときもまめに与えるようにしましょう。

キホン

ハウスの置き場所

安心して落ち着ける場所に置きましょう。

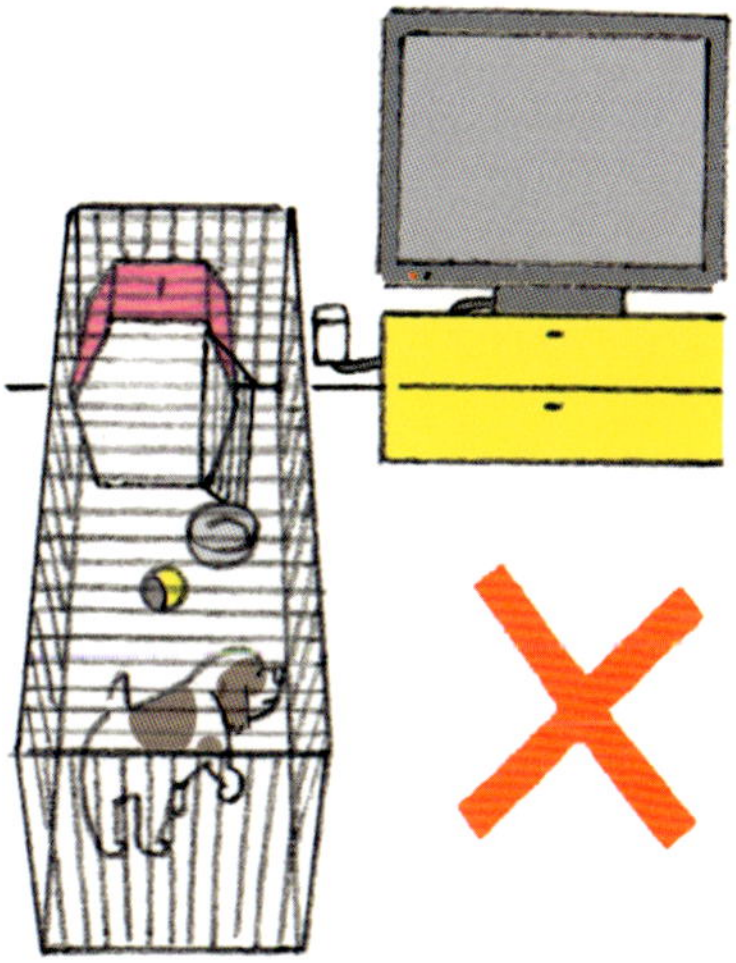

1 電子機器のそばでないところにおく

パソコンやテレビのそば、室外機の内側など、電磁波を発するものの近くにサークルを設置しないようにしましょう。犬は人間よりも感覚器がすぐれているので、人間には感じないものでも、敏感に感じ取ってしまいます。

2 外の刺激を遮断する

窓際にサークルを設置すると、外のさまざまな刺激が犬の視界に入ってきます。飼い主もいなくてひまなので、窓の外を通る人やほかの犬を威嚇して吠えるようになってしまうコも。サークルを窓から離れた場所に設置するか、窓にフィルムをはったり、カーテンを引いたり、外からの音や気配が遮断されるようにしましょう。

MEMO

夏の暑さ対策や冬の寒さ対策はしっかりと

真夏の晴れた日はもちろん、冬の晴れた日も、室温は上昇します。室温は20℃～23℃ぐらいを目安に犬の様子を見ながら調整をします。もちろん、体感温度は犬によって個体差があるので、犬が暑がっていないか、寒がっていないか様子を見てあげましょう。

留守番上手にするコツ

留守番を上手にさせるためのコツを紹介します。

散歩で体力を発散

散歩をたっぷりさせたあとは、体力を消耗し、疲れて寝てしまうことが多くなり、寝ている間に出かけられるので、不安や退屈を感じさせることがなくなります。

出かける前に遊ばせる

出かける前に犬の好きな遊びで、たっぷり遊ぶのもおすすめ。犬は疲れてお休みモードになるはず。ウトウトしているときに出かけます。

出かけるときはあっさりと

留守番前後のあいさつを大げさにすると、さみしさをかえって助長することになります。おもちゃに夢中になっている間に外出するなど、さりげなく出かけていきましょう。また、帰宅したときも駆け寄ったりせず、淡々と普通にしていましょう。

外出を特別なものにしない

外出前後に、犬に対して変にベタベタしてしまうと、留守番を特別なものにしてしまいます。また、カバンを持つ、カギを持つなど出かけるときの習慣を覚えてしまうと、それだけで、子犬の不安をあおります。出かけるときの行動をパターン化せず、さりげなく日常生活のなかに外出を入れ込むようにしましょう。

音楽をかけていく

静かな環境が、さみしさを助長する場合は、落ち着いた音楽をかけていくのも◎。あたかも家のなかに飼い主がいるような雰囲気を演出することができ、犬が落ち着きます。留守番の音楽だとさとられないよう、飼い主がふだんいるときからその音楽をかけておくのがポイント。

HOW TO

コングを数種類活用しよう

＼ 留守番のときに便利！ ／

コング

コングとは、フードやおやつを詰められるタイプのおもちゃです。形もいろいろあり、これを活用すれば、犬もひとりの時間を楽しく過ごすことができるでしょう。

基本の遊び方

1 おやつを入れる

犬の見ている前で、コングの隙間からおやつを詰めていきます。

2 目の前で転がす

目の前で転がすと、コングの隙間からおやつが出てきます。

〈 難易度別コングの詰め方 〉

簡単に出るもの

ころころしたボーロや角切りのおやつなど、転がせば簡単に出るものを詰めていきます。

がんばれば出るもの

ボーロやささみなどを小さくカットして詰め、最後にペースト状のおやつでふたをします。

なかなか出ないもの

浅い溝、深い溝のあるコングの形を利用します。溝にささみやジャーキーなどを詰めます。

社会化

聞き慣れない生活音に慣らす練習をしよう

子犬のうちにいろいろな物事に慣れさせよう

犬の社会化とは、人間社会のさまざまな刺激に慣れさせて、それらがこわいものではないと学ばせることです。きちんと社会化された犬は、いつでも、過剰な反応をせずに落ち着いていられます。

家のなかは、子犬にとって見慣れないものや、聞き慣れない音がたくさん。とくに犬は聴力がすぐれているので、音に敏感に反応します。いろいろな物事にスムーズに適応できる子犬の時期に慣れさせることで、吠えグセなどの困った行動もふせげるようになります。

キホン

生活音に慣れさせる３つのポイント

３つのポイントを踏まえ、生活音に慣れさせましょう。

1 音をいいことの合図にする

玄関チャイムや電話の呼び出し音など、何か音が鳴ったときに、黙っていたらすばやくフードをあげるなどし、これをくり返します。「音→いいことが起こる」と条件づけをします。

2 少しずつ受け入れさせる

掃除機など動いてさらに大きな音が出るものは、まず止まった状態から慣れさせるのがポイント。機器の動きを気にしないようなら遠くで音を出して音に慣れさせ、徐々に犬に近づけていきます。

3 トレーニングを継続して行う

1のように条件づけとして、ごほうびを効果的に使い、くり返しトレーニングを行って、慣れさせていきます。一度成功したからといって、すぐにやめず、苦手な印象がよくなるようにしばらく続けていくことが大切です。

注意！

苦手なものに吠えるようになってから慣らすのはたいへん

玄関チャイムに吠えるのがクセになってしまってから直すのはとてもたいへんなこと。犬にとって玄関チャイムが、「侵入者がくる前ぶれ」となってしまったら、この前ぶれを一度、忘れさせなければならないからです。そのためには、玄関チャイムの音を替えるしかありません。そのあとで、子犬に教えるときと同様に「玄関チャイム＝いいことが起こる」というトレーニングをくり返します。ですから、子犬のうちに手を打っておくことが、とても重要なのです。

トレーナー'S アドバイス

年齢別 成犬で生活音が苦手な場合の慣らし方

生活音などをこわがる成犬に、慣らす練習をする場合、吠えていないなら、子犬と同じ練習方法で、徐々に慣れさせていくことが可能。吠えている場合は、『PART5 愛犬のよくある「困った」解消法』の「吠える」(▶146ページ)を参考にしてください。

check! 犬が反応しやすい生活音をチェック

□ **ドライヤー**
大きな音が出るうえ、風が出てくるのですから、犬がこわがって当然。

□ **電話の音**
前ぶれなく鳴り出す呼び出し音の音にびっくりします。

□ **掃除機**
大音量を出しながら動くので、多くの犬がこわがったり興奮します。

□ **電子レンジ**
急に音が出るレンジにも驚いてしまうコが多いようです。

□ **外から聞こえる音**
子どもの声や車の音、ほかの犬の声などいろいろな音に反応するようです。

□ **インターホン**
音が鳴って、バタバタとあわてる飼い主の姿に恐怖心を持つコや興奮するコが多いようです。

HOW TO

生活音への慣れさせ方

掃除機

そばで食事をさせる

掃除機を近くに置いた状態で、フードをあげます。掃除機の近くでいいことが起きたと認識させ、見た目に慣れさせます。吠えたり怖がったりしないようなら、2に進みます。

動きに慣らす

犬にコングを与え、音を出さずに動かしてみます。これをくり返し行って、慣れさせます。動きに吠えるようなら、もう一度1に戻って、やり直します。

遠くからかける

動かしてみても落ち着いているようなら、ひとりがはじめは遠くからかけます。もうひとりが、犬のそばでコングやおやつを与えます。完全に気にしなくなるまでは、犬を別の部屋に移動するなどし、近くでかけないようにしましょう。

玄関チャイム

あわてない

玄関チャイムが鳴ったら、バタバタとあわてずに、きょとんとしている犬を「いいコ」とほめます。

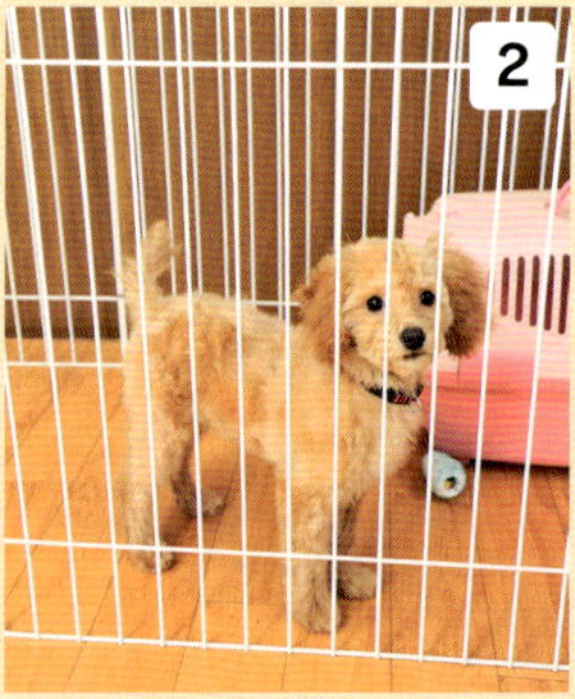

犬をほめてから出る

ほめたら、あわてずにゆっくりと部屋を出て、お客さんに対応します。1、2をくり返し、「玄関チャイム＝いいことがある」と教えます。

MEMO

音に反応して吠えてしまうなら

玄関チャイムの音に反応して吠えてしまう場合は、玄関チャイムの音を変えてみるのもひとつの手。メロディ音などに変えて、変えたらその音に吠え始める前に、「玄関チャイムが鳴る＝ほめる（ごほうび）」をくり返し、新しい音の印象をいいものにしましょう。

電子レンジ

1

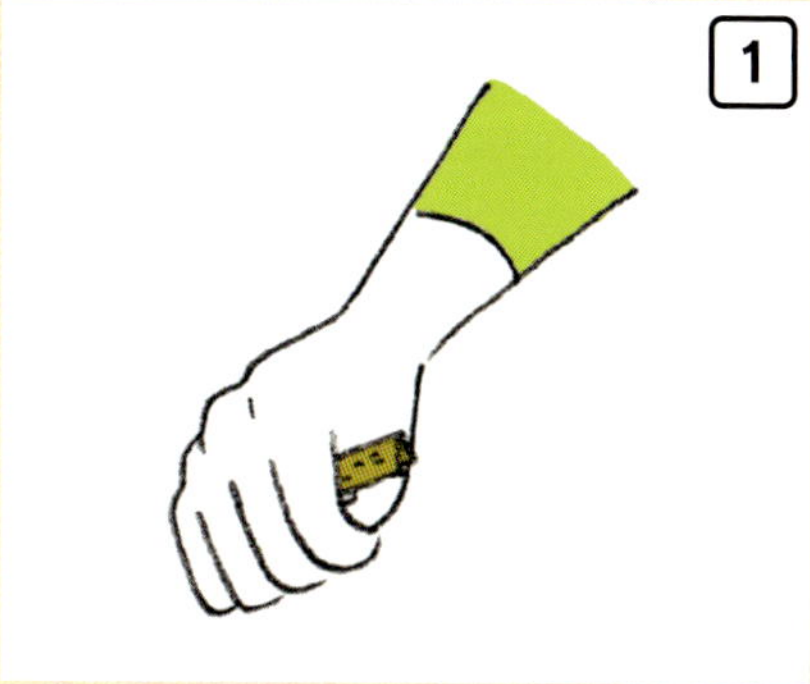

おやつを用意する

レンジを使っている間、おしゃぶりできるぐらいの量を用意します。

2

おやつを与えて音が鳴るのを待つ

抱っこしておやつをおしゃぶりさせながら、電子レンジを遠くから見せ、音が鳴るのを待ちます。おやつを食べている最中に音が鳴るようにしましょう。

MEMO

外から聞こえる音に吠えてしまうなら

カーテンや雨戸を閉めて視界をさえぎるか、犬が見ることができる範囲まで窓にフィルムなどを貼り、外が見えないようにします。さらに窓を閉めたり、音楽をかけたりして音が聞こえないようにします。

電話

電話の音を鳴らして、慣れさせる

犬がおやつを食べている最中に、携帯電話から固定電話へかけて音を鳴らし、慣れさせます。音に反応するようであれば、音量を下げて、徐々にいつもの音量に戻していきます。

ドライヤー

コングを与えてドライヤーをかける

サークルに入れた状態でコングを与え、遠くからドライヤーをかけます。ドライヤーをかけているのを見せて慣れてきたら、少しずつ距離を縮めていき、近くでもかけられるようにします。

社会化

屋外の刺激に慣らす練習をしよう

早いうちから抱っこで散歩に連れ出して

子犬を社会化するうえで、車や電車、知らない人など屋外の刺激に慣れさせることも重要です。慣れさせ方が不十分だと、恐怖心から人にかみつく、さまざまな刺激音に吠えるなど、困った行動を起こしやすくなります。飼い主は頭を悩ませることになりますし、犬自身にもストレスがかかります。

免疫が十分でない子犬は、伝染病にかかりやすいため、ワクチンプログラム※が終了するまでは、飼い主が抱っこして外へ連れ出します。早いうちから外の世界を見せてあげましょう。

check!

犬がびっくりする屋外の刺激をチェック！

- □ **のぼり**
  風によってパタパタと自然に動く様子が、犬に恐怖心を抱かせます。
- □ **工場や工事の音**
  工場の断続的な音や工事現場から聞こえる騒音は人間でもストレスです。
- □ **車の音**
  通り過ぎる音、クラクションの音、その見た目や動きにも恐怖を感じます。
- □ **人混み**
  商店街などでは、行き交う人の波、走る自転車、騒々しい音、すべてが刺激的。
- □ **ほかの犬**
  とくに子犬のうちは、相手が成犬や大型犬だったりすると、恐怖心は倍増。
- □ **電車の音**
  通過音、踏み切りの音、また大きな物体が通り過ぎる様子も相当な恐怖です。

注意！

抱っこ散歩でも首輪とリードは必須！

抱っこで散歩させるとはいえ、屋外では何が起こるかわかりません。首輪とリードは必ずつけて、リードをしっかり握っておきましょう。

また、子どもと一緒に抱っこ散歩に行く場合には、子犬の抱っこは必ず親がするようにしましょう。子どもが抱っこした場合、何かにびっくりして子犬を放してしまったり、何かトラブルがあったりしたときに、子どもでは対応しきれない可能性があるからです。

※ワクチンプログラムは生後３か月間に受けるものですが、その犬の体調などによって異なる場合もあります。獣医師に相談し、計画を立ててもらい、指示に従いましょう。

キホン

外の刺激に慣らす３つのポイント

屋外の刺激も徐々に慣らしていくことがポイントです。

1 ワクチンプログラムが終了するまでは抱っこ

社会化に最も適しているのは、ワクチンプログラムが終わる前の生後3か月間といわれています。ワクチンの完了前でも、外の環境に触れさせるのは大切なことです。ただ、終了前なので、抱っこ散歩で外の世界に触れさせてあげて、外の刺激に適応する力を少しずつ高めてあげましょう。

2 子犬の性格に合わせて社会化を進める

刺激に慣れる速度は、犬のもともとの性格も影響します。無理強いしたり、あせったりせず、犬の個性に合わせて社会化を進めていきましょう。子犬の時期を過ぎると、新しいことを受け入れるのに時間がかかるようになりますが、社会化ができないわけではありません。子犬の時期を過ぎても、継続して行いましょう。

3 アイコンタクトで犬の目線を管理する

人間にとっては慣れ親しんだものでも、はじめてそれを見る子犬にとって、それはとてもおそろしいものに映るかもしれません。はじめは、刺激が強そうな場所は避け、トレーニングが進んできたら、名前を呼んで飼い主と目を合わせるアイコンタクト（▶88ページ）をして、目線を管理します。

HOW TO

屋外の音への慣れさせ方

! こわいと感じる距離は、犬によって異なります。犬の様子を見ながら、距離を調節しましょう。

電車の音

遠くから音を聞かせる

おやつをあげながら、抱っこをした状態で、電車の通過する音を遠くから聞かせたり、実物を見せたりします。慣れてきたら、もう少し近くで見られるところに移動し、同じようにトレーニングします。少しずつ慣れさせていきましょう。

車の音

抱っこして遠くで聞かせる

抱っこした状態で、車が走る通りの近くまで行きます。最初はおやつをあげながら音を聞かせるだけにし、こわがらなくなったら、もう少し近くで音を聞かせます。慣れてきたら、車が走っているところを実際に見せるようにします。

のぼり

怖がらない距離から慣れさせる

のぼりは、風でパタパタと自然に動く様子が、犬にはこわいようです。遠くに見えつつもこわがらない距離まで離れ、抱っこした状態でおやつをあげて慣らします。落ち着いているなら、徐々に近づいてみましょう。

工場や工事の音

少し離れたところから聞かせる

工場や工事の音は、思った以上に大きく聞こえます。工場や工事現場が散歩コースにあるなら慣れさせましょう。まず少し離れたところで、おやつをあげながら音を聞かせます。大丈夫そうなら、抱っこをして、徐々に近づいてみましょう。

注意！

少しずつさまざまなタイプの人に慣れさせて

子犬が家族に触られることに慣れてきたら、友人や近所の人を家に呼んで、子犬に触ってもらいましょう。このとき、飼い主も相手の人も落ち着いていることが大切。家族が抱っこをした状態で、相手の人におやつをあげてもらい、平気そうなら背中などをなでてもらいましょう。臆病なコの場合は、同じ空間にいることに慣らすことから始めます。犬が自分から相手の人に近づいたら、飼い主がほめて、徐々に近づく行為に慣らしていきましょう。

子どもに練習させるときは正しいやり方を教えて

子どもが犬のトレーニングやしつけをしたいと言ったら、必ず正しいやり方を教えて、できそうならやらせます。間違った方法で教えると、犬が混乱するので、必ずそばについて様子を見ているようにします。

MEMO

ほかの犬と遊ばせるときは

ワクチンが終わり散歩が可能になったら、まずはフレンドリーで突然興奮することのない同じくらいの月齢の子犬や、おだやかでしつけられた成犬に会わせてみます。相手の飼い主の了解を必ず得て、トラブルをふせぐため互いにリードをつけてしっかり持ち、少しずつ会わせます。

人混み

抱っこした状態で通過する

商店街など、人通りがある場所に行き、犬を抱っこした状態で、おやつをあげながら通過してみましょう。犬がこわがるようなら、もう少し人通りの少ないところから始めるなど段階を踏んで慣らしていきましょう。

ほかの犬

遠くからほかの犬を見る

抱っこをした状態で公園やドッグランなどに行き、遠くからほかの犬を見せます。落ち着いていられたら、ごほうびをあげてほめてあげましょう。本格的に散歩ができるようになったら、対面させて遊ぶ機会を作ってあげます。

遊び

楽しい遊び方で犬の運動欲求を満たしてあげよう

十分に相手をしてあげることが大切

子犬は遊ぶことが大好き。この欲求が満たされないと、人に甘がみをしたり、部屋のものをかじったり、自分なりの遊びを見つけ、エネルギーを発散させます。しかし、それは飼い主からすると困った行動。日ごろから十分に遊んであげれば、これらの行動はふせぐことができます。犬には昔から受け継がれている狩猟本能が備わっているため、動くものを追いかける遊びが大好き。また、ロープなどを引っぱり合う遊びは全身運動なので、犬のパワーの発散にもなり楽しい遊びとなります。

キホン

上手に遊ぶコツ

子犬と遊ぶコツを踏まえて、たっぷり遊んであげましょう。

おもちゃを生き物のように動かす

犬には動くものを追いかけるという本能があるので、おもちゃを小動物のように動かして、子犬の本能を刺激しましょう。ただし、誘うときに奪い取られないように注意。おもちゃを取られてしまうと、主導権を犬に握られてしまいます。

「チョウダイ」を教える

おもちゃを口から放したときに「チョウダイ」と声をかけます。くり返し、くわえたものを放す指示を教えると、危険も回避できます。

主導権を飼い主がとる

遊ぶときは、子犬に主導権をとらせないようにしましょう。どんなときも飼い主に注目し、指示に従うようにしつける必要があります。遊びに誘うのも飼い主から誘い、犬からの誘いは知らんぷりをします。遊びの終わりも遊び足りないぐらいで、飼い主からやめるようにします。犬があきるまでやらないようにすると、つぎに遊ぶときに犬がまた喜びます。飼い主が主導権を握ってこそ、遊びの楽しさや安全が約束されるのです。

HOW TO

室内・屋外での遊び方（モッテオイデ〜引っぱりっこ遊び）

1

犬にリードをつけます。「オスワリ」（▶92ページ）の指示を出し、アイコンタクト（▶88ページ）をします。

2

「OK」と声がけしながら、おもちゃをなげます。

3

子犬がおもちゃを加えたら、「モッテオイデ」と声がけをし、リードをたぐりよせます。

4

持ってきたものを引っぱりっこします。

5

ももの上で手を固定し、動きを止めます。

6

口からおもちゃを放した瞬間に「チョウダイ」の指示を出します。あきないなら何回か 1 〜 6 をくり返してもOKです。

7

たっぷり遊んだら、おもちゃをしまって終了します。

MEMO

おもちゃは飼い主が管理

遊ぶときは、おもちゃは飼い主が準備し、遊びが終わったら犬の届かないところにしまいます。飼い主が犬の大好きなおもちゃを管理することで、「遊びのルールは飼い主が決める」ということを理解していきます。

おもちゃを放さないときは

犬がおもちゃを放さないときに、おもちゃを無理やり取り上げるのはやめましょう。ふたつめのおもちゃを犬に見せ、思わず放した瞬間に、くわえていたおもちゃと交換し、「チョウダイ」と声がけします（▶187ページ）。

散歩

安全で楽しい散歩に出かけるための準備

散歩は1日2回は行いましょう

ワクチンプログラムが終了すれば、いよいよ散歩デビュー。小型犬でも1日2回、30分程度の散歩に連れていくのが理想的。はじめは、リードを引っぱったり、座りこんでしまったり、なかなかじょうずに歩けないかもしれません。デビューの日は地面の感触に慣れることと楽しさを味わわせましょう。外の世界には危険がたくさんあります。初日から拾い食いなどをさせないようにコントロールすることも飼い主の大切な役目です。トレーニングを行い、安全で楽しい散歩をしましょう。

キホン

散歩のときに気をつけたいこと

散歩で気をつけたいことを確認して出かけましょう。

拾い食いなどの危険がある場所

お花見やお祭りのスポット、公園内のバーベキュー広場などは、食べ残しや食べ物の容器が地面に落ちています。鼻先においしそうなにおいのものがあったら、拾い食いしたくなります。また、子犬は好奇心が強く、なんでも口に入れようとするので、放置ウンチがある場所には近づかないようにしましょう。

トイレをさせる場所を考える

だれにも迷惑をかけない場所を選んでトイレをさせましょう。人の家の入り口付近や電柱などではさせないように注意しましょう。トイレをしたあとは、忘れずにきちんと処理をします。ウンチはトイレットペーパーで拾って持ち帰り、家のトイレに流します。オシッコやウンチをしたところは水を流してきれいにします。

夏の日中の散歩は極力避ける

夏の昼間は日光や照り返しで想像以上の温度になります。手のひらで日光の当たるコンクリートを触り、熱いと感じるなら、散歩をやめます。夏の散歩は、涼しい早朝や夜の時間帯にしましょう。

冬は寒さに注意する

犬は寒さに比較的強いので、冬の寒さはそれほど気にしなくても大丈夫ですが、子犬や被毛が薄く寒さに弱い犬種には配慮が必要。防寒のために洋服を着せるなどし、散歩に行きましょう。

不特定多数の犬が集まる場所

ドッグランやドッグイベント会場などには不特定多数の犬が集まります。ワクチン接種をしているか、凶暴な犬がいないかなど、注意したうえで参加しましょう。

HOW TO

正しいリードの持ち方

親指にリードの輪をかけます。

リードを手の甲に回して、手前にかけます。

手前に持ってきたリードを親指にかけます。

親指にかけた状態で、リードをそのまましっかり握ります。リードの長さの調整の仕方は、「リードを持つ位置を決めておこう」(▶82ページ)を参照してください。

MEMO

リードにほつれがないか毎日チェック

劣化によってリードがほつれてしまっていることがあります。知らずに散歩に行くと、たいへんなことになりかねません。両手で引っぱってみて、ほつれがないかどうか、毎日点検をしましょう。金具周辺はとくに念入りにチェックします。

首輪は抜けない長さに

首輪は指を2本入れて少しきつく感じるぐらいが目安です。首輪をつけたあとは、抜けないかどうか、リードを前に引っぱって確かめましょう。劣化によって首輪が切れてしまうこともあるので注意が必要です。リード同様、傷んでいないかどうか、チェックも大切です。

check!

散歩に持っていくものを準備しよう

散歩では何が起こるかわかりません。いざというときに両手を使えるようにウエストポーチに必需品を入れていきましょう。

- ☐水(流す用と飲用)
- ☐水容器
- ☐ウンチ袋(2〜3枚)
- ☐トイレットペーパー
- ☐おもちゃ
- ☐ごほうび
- ☐消臭剤

散歩

リードを正しく使って散歩での困った行動をふせぐ

まずはリードの持ち方と使い方をマスターして

拾い食いやにおいかぎ、リードを引っぱるなど、散歩に悩みはつきもの。とくに、リードを長く持ち、自由に歩かせていると、ほかの犬とすれ違うときにリードがからまったり、飛びついたりしやすくなるので、正しい持ち方をマスターしましょう。

また、犬が勝手に進むのを、リードをコントロールして制御する方法も覚えておくと安心。

「ツケ」(▼112ページ)で飼い主と並んで歩くことができれば、リードの引っぱりを未然にふせげるので、安全かつスムーズに歩けます。

キホン

リードの使い方

リードを正しく使えば困った行動をふせげます。

リードを持つ位置を決めておこう

リードは犬をコントロールしやすくて、かつ犬が苦しくない最低限の長さで持ちます。持つ位置に結び目を作り、印にします。

結び目の作り方

犬にリードをつけ、ツケの位置(▶112ページ)で並び、正しいリードの持ち方(▶81ページ)でリードを持ちます。リードを持っている人は気をつけの姿勢で立ち、リードがJの字を描けるくらいの長さにたるませて、写真の手で握っている位置あたりで結び目を作ります。

犬の動きを制御する方法

犬がリードを引っぱったら、左手はリードの結び目を握り、おへその位置に持ち上げます。同時に右手で左手の下あたりのリードを持ちます。これで犬の動きを制御できます。突進や飛びつき、拾い食いをふせぐのに有効です。

HOW TO

困った行動をふせぐ散歩の方法

通行人に気づいたら避けて通る

向きを変える

通行人を見つけたら人のいない反対側に方向を変えます。

反対側へ渡る

反対側の道に人がいないのを確認します。いなかったら、車がこないのを確認して、反対側へ渡ります。

スムーズにすれ違えたことをほめる

名前を呼んで声をかけ、ほめます。

リードを引っぱったら動きを止める

犬の動きを制御する

犬がリードを引っぱって、拾い食いしそうになったり、においかぎしそうになったりしたら、リードの結び目を握り、おへその位置で固定します。

MEMO

犬が散歩をいやがってしまうなら

犬が散歩をいやがってしまうのは、慣れてないか、以前に散歩でこわい思いをしたことがあるからでしょう。でも、犬が散歩をいやがったとしても、散歩は犬にとって必要。慣らしていくようにしましょう。住宅街は意外に、子どもの騒ぐ声やバイクの音など、犬にとって刺激となるものが多いもの。はじめは、見通しのよい河川敷やだだっ広い公園にキャリーバッグなどで連れて行き、短時間歩かせてみましょう。歩けているときはほめ、「歩くといいことがある」と思わせます。そして、その場所で、食事をしたり、おもちゃ遊びをしたりと、犬が喜ぶことをしましょう。「外に行くと楽しい！　歩くといいことがある」という経験を積ませ、徐々に慣らしていきます。

においかぎOKの場所では許可を出して

アイコンタクトをする

名前を呼んで目を合わせ、アイコンタクトをします。

「OK」を出す

アイコンタクトをしたら「OK」の指示を。突進させないようリードを持ちます。

においかぎさせたくない場所では「ツケ」

「オスワリ」のあとアイコンタクト

「オスワリ」(▶92ページ)をさせて、名前を呼び、アイコンタクト(▶88ページ)をします。

「ツケ」の指示を出す

「ツケ」の指示を出して(▶112ページ)、においかぎをさせたくないところを通過します。

できたらごほうび

「ツケ」でじょうずに通過できたら、ごほうびをあげつつほめます。

PART 3

楽しく練習して
成功！

暮らしに役立つトレーニング

万が一の事故やトラブルを回避したり、困った行動をふせいだりするために必要な基本のトレーニング。ごほうびを使って楽しく練習すれば、何歳になっても覚えられます。

基礎トレ

トレーニングに必要な基本の指示の出し方

マグネット誘導をやってみよう

犬と安全に、快適に暮らすには、アイコンタクトやオスワリなどをマスターしておくことが欠かせません。いざというときに指示に従えれば、危険やトラブルを回避できるからです。

それぞれのトレーニングを始める前に、まずは指示の出し方の基本である「マグネット誘導」を練習しましょう。マグネット誘導とは、おやつを握った手を使って犬を集中させ、犬の動きをコントロールすること。これができれば、犬に無理やり教えることなく、してほしい行動に自然と導けます。

マグネット誘導の方法

においをかがせて手を移動

犬が鼻先にある飼い主の手についていくと、ごほうびがもらえるということをくり返し教えていきます。おやつを手のなかに握り、握った手のひら側を上にして、犬の鼻先につけます。何もいわずに、犬を導きたい方向に手を動かします。犬が飼い主の望む体勢になったら、ごほうびをあげ、ほめてあげましょう。

point 1

おやつの持ち方

おやつを見せびらかす

ごほうびを見せびらかすと、指ごとかまれてしまう可能性も。また、将来、おやつが見えないと、指示通りにできなくなってしまうことがあります。

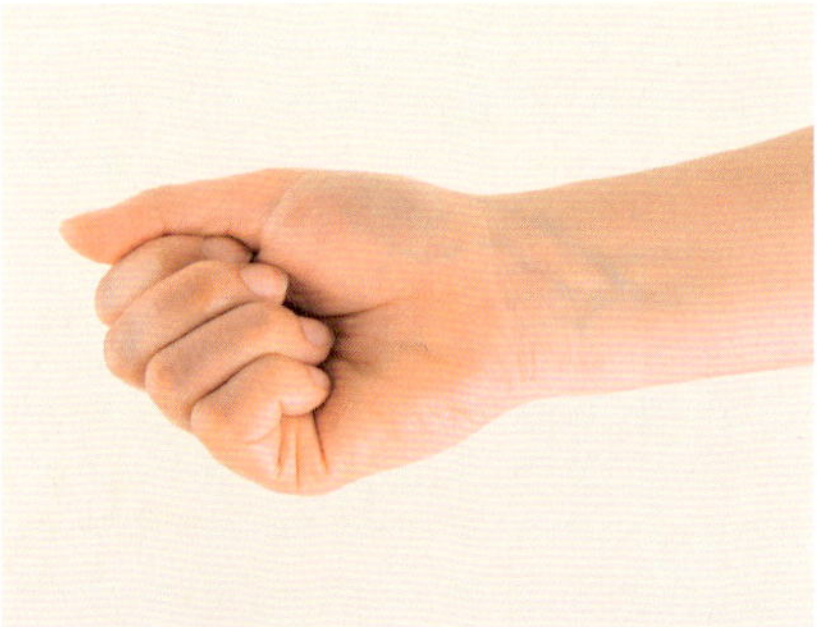

おやつを握る

手のなかにごほうびを入れ、おやつを持っているかどうかわからないように、ぎゅっと握ります。握った手のひらの方を上にして、誘導します。

point 2

集中のさせ方

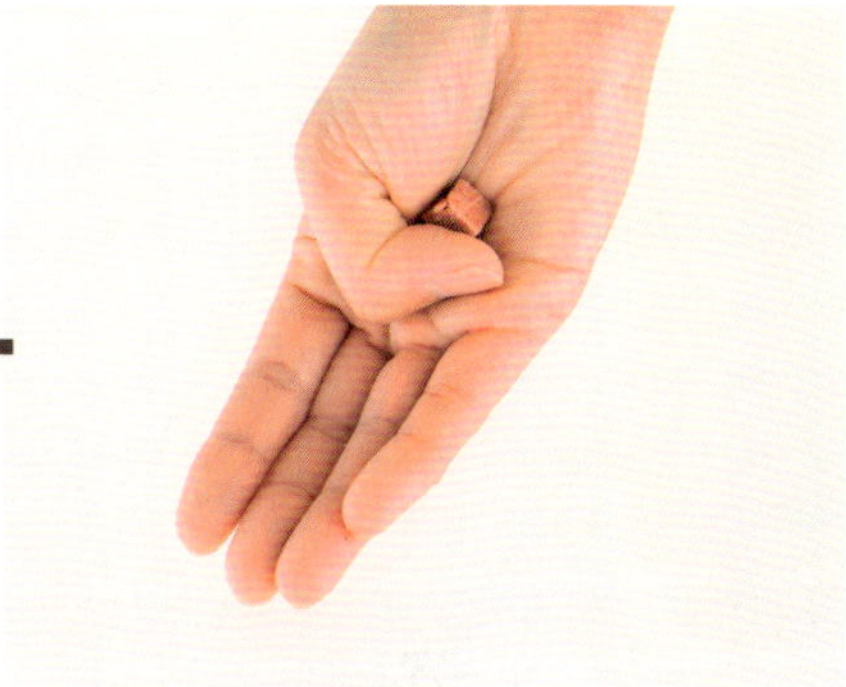

1 おやつを用意する

犬の好きなおやつをごほうびとして、ほんの少量準備します。手からおやつがこぼれ落ちないよう、写真のように親指で押さえます。

2 においをかがせて動かす

ごほうびを握り、手のひら側を上にして、犬の鼻先に持っていきます。犬がクンクンとにおいをかいで集中したら、アイコンタクトなど、トレーニングの誘導開始です。

point 3

においのかがせ方

✕NG!

手の甲をつき出す

手の甲を上にして、犬の鼻につき出すのはやめましょう。犬はにおいをかぐことができません。

小型犬

犬の鼻に手の位置を合わせます。トレーニングの初期段階では、小型犬の場合は、中腰、もしくはひざ立ちでかがせます。

中・大型犬

中・大型犬の場合は、上体を前かがみにし、覆いかぶさらないように注意して、犬の鼻に手の位置を合わせます。

基礎トレ 1

アイコンタクト

アイコンタクトとは、ずばり犬と目を合わせること。飼い主が犬の名前を呼べばいつでも、「なあに?」と犬のほうから視線を合わせられるようになるのが目標です。

犬が飼い主を見るのは信頼している証拠

アイコンタクトができるようになると、困った行動を回避できるなど飼い主にとっていいことがあります。また、犬が飼い主を見るのは、飼い主を信頼している証。飼い主の指示や行動に集中するようになり、さまざまな場面で飼い主が犬をコントロールしやすくなります。

アイコンタクトできるとなにがいいの?

飼い主に集中することができるので、犬が誘惑に勝つことができたり、怖がって逃げたりすることをふせげます。また、アイコンタクトで目線を引きつけられれば、危険を回避することもできるようになります。

1
何か
いいにおいが
するぞ!

マグネット誘導をする

犬と向かい合わせになり、ひざ立ちの状態で、リードを持ちます。もう片方のおやつを握った手を犬の鼻先に近づけて、興味を引きます。

point

おやつは親指で押さえる

おやつを手のひらにのせ、写真のように親指で押さえるようにして握ります。

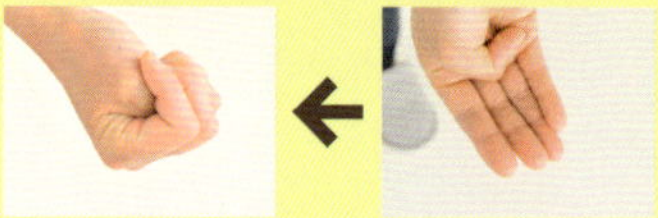

2
あれ!?手が
移動したぞ

自分の手をあごの下へ

手に集中したら、鼻先に近づけた手を自分のあごの下にゆっくりと移動します。また、このときに犬と目線を合わせようとして覆いかぶさると、犬が威圧感を感じてしまうので上体を起こして背をのばします。

point

必ずあごの位置で

誘導する手が犬によく見えるように、手をあごの位置に持っていきましょう。

どんなときに使えばいいの？

犬がほかの犬に吠える前や、飛びつきそうになる前など、アイコンタクトで目線を引きつければふせげます。アイコンタクトは、ごはんをあげる前やごほうびをあげる前など、犬にとっていいことが起こる前に使うと覚えやすくなります。

- ごはんをあげる前
- おもちゃをあげる前
- 道でほかの犬や人とすれ違うとき
- 仲のいい犬にあいさつをさせる前や遊ばせる前
- 来客にあいさつをさせる前

目が合ったら名前を呼ぶ

犬と目が合ったら、名前を呼びます。合わないようなら、もう一度、1から やり直します。

point

犬の名前を何度も呼ばないように

犬と目が合った瞬間のみ、名前を呼びます。これをくり返し行うことで、「名前を呼んでくれた人の目を見ればいい」と犬が理解します。目が合っていないのに何度も呼ぶと、犬が混乱して覚えにくくなるので注意しましょう。

ほめてごほうびをあげ、なでる

目が合って名前を呼んだら、ほめてあげます。「いいコ」と声がけをし、握っていたおやつをあげて、なでます。たっぷりほめてあげましょう。

point

いいことがあると印象づけを

「ほめ言葉」、「ごほうび」、「なでる」の3つのごほうびを効果的に使うことで（▶22ページ）、犬に飼い主を見るといいことがあると印象づけられます。

アイコンタクトのこんなときどうする？ Q&A

◆マークの見方 関連する主な犬のタイプ

小 小型犬　中 中型犬　大 大型犬　全 全犬種

アイコンタクトがうまくできないケースはいろいろあります。つまずきやすいポイントとその直し方を解説します。

Q 大 大型犬に教えるときに気をつけることは？

誘導の手を犬の鼻先に合わせて

小型犬には犬と目が合いやすいよう、ひざ立ちの姿勢で行いましたが、大型犬の場合は立ったままでOK。おやつを握った手は、大型犬の鼻先に合わせましょう。高すぎると飛びつきの原因になり、低すぎると犬がにおいをかぎづらくなります。

おやつを握った手のにおいをしっかりかがせます。においをかがせたら、姿勢は覆いかぶさらずまっすぐな状態で誘導の手をあごの位置に持っていき、目が合ったら名前を呼びます。

Q 全 すぐに目をそらしてしまいます

集中できない環境なのかも

犬がほかに気を取られているか、誘導する手を見失ってしまっているのかもしれません。静かでまわりに気になるものがない場所で犬の目線が引きつけられるようにし、誘導する手をゆっくり動かします。

全

Q ほめようとすると飛びついてきます

ごほうびを与えるときの手の位置が高いのかも

ごほうびを与えるときの手の位置が高い、あるいは、おやつを待ちきれず犬が飛びついてしまうのでしょう。手の高さを適切な位置に変えるだけで、飛びつきは解消できます。犬が立っていても座っていても、飛びつく必要がない犬の口の高さまで、手を持っていくようにしましょう。小型犬、中型犬、大型犬と、それぞれ犬の大きさによって高さは異なるので、そのコに合った高さに誘導の手を出すことが大切です。

小

ごほうびを与えるときの位置が高いので、飛びついてしまいます。座った犬の口の高さまで手を下げます。

中 大

すぐに犬の口の高さまで手を下げて与えます。高さは犬によって変わるので、そのコに合わせてあげましょう。

全

Q においをかがせたいだけなのにかみつこうとします

食べ物に執着する犬はリードを短く持って練習

おやつに執着しすぎているコに多い行動。リードを短めにし、犬がおやつをとるために前へ出ようとする動きを制しつつ、誘導しましょう。おやつのランクを下げるのも効果あり。

リードは少したるませて、犬が前に出たらピンと張る位置で持つようにします。おやつをあきらめて飼い主を見たら、名前を呼びます。

基礎トレ 2

オスワリ

オスワリとは、犬のお尻が地面についた状態のこと。すべてのトレーニングの基本中の基本のしつけです。犬を落ち着かせることができるので、コントロールしやすくなります。

オスワリは犬が落ち着きを取り戻す姿勢

地面にお尻がついていると、犬の動きが止まるため、犬が落ち着きを取り戻すことができます。座っているように見えてもお尻が浮いていることがありますが、これは本当のオスワリとはいえません。落ち着く姿勢にするためにも、お尻がしっかり地面につくようにトレーニングしましょう。

オスワリができるとなにがいいの？

オスワリは基本の姿勢。オスワリを覚えれば、お尻が地面につくので興奮しづらくなり、飛びつきや突進など、やらせたくない行動を回避できます。

右手に集中させ、誘導を始める

犬と向かい合わせになり、リードを持ちます。もう片方のおやつを握った手のにおいをかがせて犬を集中させて誘導を始めます。

point

においで十分興味を引く

おやつを握った手のにおいをしっかりとかがせて、誘導の手に興味を持たせます。

手を犬の頭の上に移動

においにつられた犬がおやつを握った手の動きを目で追うと、自然とオスワリの姿勢になります。そこで「オスワリ」と言います。

point

座る瞬間に指示を出す

犬が座る瞬間に指示を出すことで、犬にその言葉と動作の関連性を覚えさせます。

どんなときに使えばいいの？

犬を落ち着かせたいときに使います。ハウスから出すときや玄関を出るときなど、犬が興奮しそうになったら、オスワリの指示を出しましょう。動かないでほしいときにも有効。

- **犬を連れて玄関を出るとき**
- **ハウスから出す前**
- **ほかの犬を発見して興奮する前**

ほめてごほうびをあげる

座った状態の犬に、ほめながら握っていたおやつをあげてなでます。犬に、これがオスワリの姿勢であるということを覚えさせます。

point

座るといいことがあると印象づける

「ほめ言葉」、「ごほうび」、「なでる」3つのごほうびを効果的に使うことで（▶22ページ）、犬には座るといいことがあると印象づけることができます。

「OK」の指示を出す

「OK」の指示を出して、オスワリの姿勢を解除します。

point

解除の指示を教える

ごほうびをあげたら、「OK」など、自由にしていいという言葉をかけて解放します。はじめは言葉だけでは、犬がキョトンとしてしまう場合もあります。そんなときは、「OK」の指示を出してから飼い主も動くと、犬も動きます。

オスワリのこんなときどうする？Q&A

◆マークの見方 関連する主な犬のタイプ

小	中	大	全
小型犬	中型犬	大型犬	全犬種

オスワリは便利なしつけです。
オスワリを教えるときに、つまずきやすいポイントとその直し方を解説します。

おやつを握った手のにおいをしっかりかがせます。かがせたら、誘導の手を犬の頭の上に移動させます。犬はその手の動きを目で追うので、オスワリの姿勢になります。

大

Q 大型犬に教えるときに気をつけることは？

誘導する手は高すぎても低すぎてもNG

においをかがせる手の位置が高いと犬が立ち上がろうとしてしまい、低いとフセの姿勢になってしまいます。手の動きで犬の顔が上がれば自然にお尻は下がります。

全

Q ごほうびをあげると立ってしまいます

ごほうびをあげる手は犬の口の高さに

手が犬から離れた位置にあると、おやつを取ろうと犬が立ってしまい、手を犬に押しつけすぎると犬がよけようとして立ってしまいます。オスワリした状態の犬の口の高さに合わせましょう。

ごほうびをあげるときに犬が立ったらごほうびをあげず、オスワリの誘導をやり直します。完全にオスワリの姿勢をとっている犬をほめるという意識を忘れずに。

全 オスワリと言っているのに全然違う姿勢をとります

リアクションをせず、いったん無視してみる

「ゴロン」など得意な芸の姿勢をとってしまうコがいますが、笑ったり、「違うでしょ」などと犬に話しかけたりしないように。知らんぷりをしてから、誘導をやり直しましょう。

ノーリアクションで、再びオスワリの誘導をして体勢を戻すようにしましょう。

全 どんどん後ずさりをして逃げます

壁を使って練習する

指示を出すときに飼い主が迫ってくるようで怖いのかも。後ずさりする犬を追いかけないよう、壁を背にして練習を。犬に覆いかぶさるような姿勢にならないように注意しましょう。

壁を背にすれば、犬が後ずさりできなくなるので、練習しやすくなります。

基礎トレ 3

オスワリ＋マッテ

おやつや食事が目の前にあって、それを待つのは「オアズケ」。「オスワリ＋マッテ」では、犬にとって魅力的なものが目の前になくても待てるようにするトレーニングです。

犬に負担をかけずに待たせることができる姿勢

犬にとっても、立ったままよりオスワリの姿勢で待ったほうが楽。ぜひ、マスターしておきましょう。はじめから長く待つのは難しいので、最初は飼い主のそばで一瞬だけ待つことから始め、徐々に待つ時間を延ばしていきましょう。

オスワリ＋マッテができるとなにがいいの?

犬にオスワリ＋マッテをさせている間に、首輪やリードをつけるなど、犬を待たせながら飼い主は別の作業をすることができます。犬は楽な姿勢で落ち着いて待つことができるので、外出先でもマナーを守って過ごせるようになります。

オスワリをさせる

犬と向かい合わせになり（※）、リードを持ちます。もう片方の手におやつを2個握りこみます。おやつを握った手のにおいをかがせたあと、「オスワリ」を指示（▶92ページ）します。

point

おやつを2個持つ

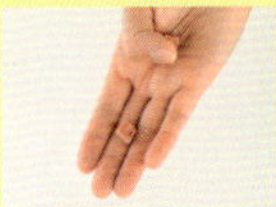

途中で失敗したときのためを考えて、おやつを2個、手に握りこみます。写真のようにひとつは親指で隠すように持ちます。

「マッテ」を指示

おやつを握った手を犬の動きを制するように顔の前に出して「マッテ」と指示します。

point

空中でノックするように

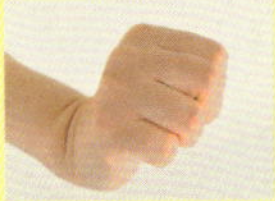

犬の動きを制するように右手を犬の前に出して空中でノックします。一瞬の「マッテ」の指示のあと、アイコンタクトをするときは、必ず上体を起こしてから指示します。無意識につぎの指示を行うと、犬に覆いかぶさって威圧感を与えてしまいます。

※写真は手の動きを見やすくするため、並んで行っています。

どんなときに使えばいいの？

お手入れなど犬に何かをしてあげるときや、犬を待たせながら飼い主が別なことをするときに、動かずに待っていてほしいときに使います。散歩中の飛び出しや突進などもふせげます。

- 信号待ちのとき
- 散歩中にウンチを拾うとき
- 胸の毛をブラッシングするとき
- 口をあける練習をするとき
- 動物病院で治療費を払うとき

受付

3
いいコ
じょうず〜
まだじっとしてたほうがいい？

アイコンタクトをする

マッテをさせたまま、おやつを握った手を自分のあごの下に移動し、アイコンタクトをします。

point

声をかけて犬を見つめる時間をとる

飼い主を見つめている時間だけ、犬が座った状態でじっとしている時間を延ばすことができます。

4
① ほめ言葉
いいコ
③ なでる
② ごほうび
動かなくて正解だった！

ほめてごほうびをあげる

握っていたおやつを1個あげ、犬に「座って待っているといいことがある」と覚えさせます。

point

1個だけごほうびを

犬が指示通りに座った状態を、ごほうびを1個だけあげてほめます。

5

念押しのマッテを指示してアイコンタクトで解除

ごほうびを食べて終わりと勘違いさせないために、もう一度、2と同じ動作で「マッテ」と指示し、3と同様にアイコンタクトをします。「OK」の声をかけてマッテを解除。

point

おやつは落とさないように

マッテをするときに、残っているおやつを落とさないように注意します。2個目のおやつは、途中でトレーニングが失敗した場合の保険のために持つので与えません。失敗したときにそれを使って誘導し、オスワリをやり直します。

オスワリ＋マッテのこんなときどうする？Q&A

◆マークの見方 関連する主な犬のタイプ

小	中	大	全
小型犬	中型犬	大型犬	全犬種

オスワリ＋マッテは、犬が動かずに待っていてほしいときに使えると便利。つまずきやすいポイントをクリアにして、完全にマスターしましょう。

全 Q アイコンタクトをするときに気をつけることは？

覆いかぶさらないように注意する

マッテの指示の後、アイコンタクトをするときに飼い主が覆いかぶさるような体勢で指示を出すと、犬は威圧感を感じます。上体を起こして背を伸ばし、手だけで指示を与えます。

オスワリをさせた状態で、マッテを指示します。その後、アイコンタクトをするときは、覆いかぶさらないように注意しましょう。

全 Q 途中でフセをしてしまいます

犬の足が滑らない場所で練習

床の上だと滑りやすいので踏ん張りがきかず、ずるずると滑ってしまい、フセの姿勢になってしまいがちです。犬の足が滑りにくい場所で練習しましょう。

じゅうたんや滑り止めのついたマットの上で練習するとうまくいきます。

全 Q ごほうびをあげるとマッテをする前に動いてしまいます

「マッテ→ごほうび」の回数をランダムにする

慣れると、ごほうびは1回しかもらえないことに気づく犬がいます。「マッテ→ごほうび」の回数を変えて、犬の思い込みを崩してトレーニングをします。

何度も練習できるよう、小さいおやつをたくさん持っておきます。「マッテ→アイコンタクト→ごほうび」を1回だけでなく、ときには2回、3回とランダムに。最後は「OK」で解除します。

全 Q 「OK」の指示を出しているのにずっと待ったままです

テンションをあげて犬を誘う

「OK」の指示がいまいちわかりづらいのかも。もっと元気よく声をかけたり、自分の足をたたいて音を立てたりして動きを誘いましょう。

犬が動かないからといって、リードを引っぱるのはNG。飼い主が体の動きで表現して伝えましょう。

基礎トレ
4

フセ

フセとは、前足のひじとおなかが地面についた姿勢のことをいいます。
フセは「マッテ」と一緒に使うことが多いですが、
まずは「フセ」単体のトレーニングをしましょう。

フセは犬が楽に、長く待てる姿勢

犬が、長く待つには楽な姿勢がフセ。前足のひじとおなかが地面につく姿勢をいい、ごろんと横になる姿勢とは違うので、教えるときに注意します。屋外だと、腹ばいになるのをいやがるコもいるので、最初は室内で練習するとよいでしょう。

1
オスワリ
してるのに
おやつ
くれないの

オスワリをさせたあと、ごほうびのにおいで誘導

犬は、自分の左斜め前で右向きに座らせ、自分はひざ立ちになり、片方の手にリードを持ちます。オスワリをさせます（▶92ページ）。もう片方の手におやつを握りこみ、においをかがせて興味を引きます。

point

犬がフセたとき犬の顔が自分の体の中央にくるように

犬は、自分の左斜め前で、右向きに座らせると、犬がちょうどよい位置でフセができます。

2
あれ!?
行っちゃうの?

手を犬の前足と前足の間に下ろす

十分に興味を引いたら、おやつを握った手をゆっくりと下ろすと、犬もそれにつられて顔を下げます。反対側の手はリードを持った状態のままにします。リードを引っぱりすぎて首を絞めないようにしましょう。

point

拳はゆっくりと下げる

手のひらを犬の鼻先に向け、犬がその手の動きを追えるようにゆっくりと下げます。

フセができると何がいいの？

フセの練習をしておくことで、病院の待合室で待つときや、ドッグカフェにいるときなど、長時間じっとしていなければいけない状態になったときに、犬がみずからフセの姿勢を選べるようになります。

どんなときに使えばいいの？

フセを実際に使うときは、「マッテ」の指示をプラスして、短時間待たせる場面がほとんどです（▼105ページ）。

3
フセ

Lの字を描く

床についた手の手首を返して犬から少し離します。その手を追いかけた犬がフセの体勢になったら「フセ」と指示を出します。

point

手首を返してLの字を描く

写真のように手首を返して、手の甲の方を鼻先に向け、L字を描くように離します。

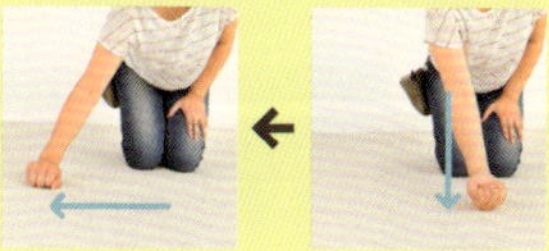

4
いいコ
1 ほめ言葉
3 なでる
2 ごほうび
腹ばいに
なれば
いいんだ

ごほうびをあげる

ほめ言葉をかけます。前足と前足の間で手の甲が地面についている状態で手を開き、握っていたおやつをあげて、なでます。犬に「フセをするといいことがある」と覚えさせます。

point

肩をなでると姿勢を維持できる

ほめるときに、肩をなでると、立ちづらくなるのでフセの体勢を長く維持することができます。

5
OK

「OK」で解除して犬を動かす

「OK」の指示で、犬を立たせて、自由にさせます。

point

正しい姿勢をとれたときのみ指示を

間違った姿勢をとったら、おやつのにおいで誘導してフセの姿勢に直します。フセの姿勢をとったら、このときはおやつを与えずに「OK」で解除。

フセのこんなときどうする？Q&A

◆マークの見方 関連する主な犬のタイプ

小 小型犬　中 中型犬　大 大型犬　全 全犬種

最初のうちは、おなかを地面にぴったりつける姿勢をいやがるコもいます。慣れるまでは室内で練習しましょう。

大 大型犬に教えるときに気をつけることは？

しっかりと地面に拳をつける

大型犬は体格も大きいので、犬の姿勢が最も低くなるように、おやつを握った手をしっかりと地面につけます。誘導の手をすみやかに前にずらし、フセの姿勢に誘導していきましょう。

においをかがせて興味を引いたら、犬の姿勢が低くなるようにしっかりと地面に拳をつけて、L字を描きます（L字の仕方▶101ページ）。

全 ごろんと横になってしまいます

ノーリアクションで誘導をやり直す

「バーン」や「ゴロン」など一発芸を覚えているコに多い失敗。「バーン」や「ゴロン」は、フセの姿勢と似ていて、しかも家族のウケがいいのでやってしまうのかも。ノーリアクションでやり直しましょう。

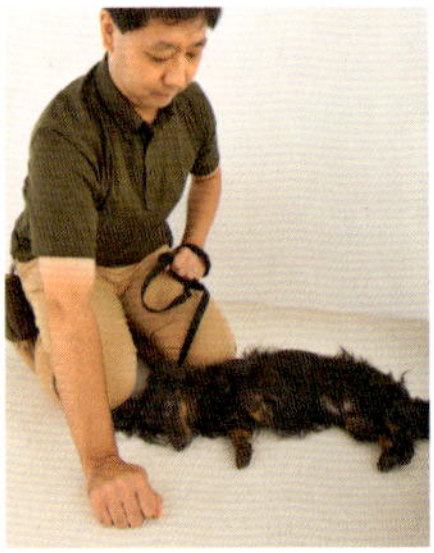

誘導する手を脇の下に持ってきて、犬の体を起こします。犬の体を起こしたら、ほめてごほうびをあげましょう。

全

Q フセがうまくできません

足の下をくぐるフセから練習して

なかなかフセの体勢にならない場合は、「足くぐりのフセ」で練習をします。飼い主の足の下をくぐることで、自然とフセができます。

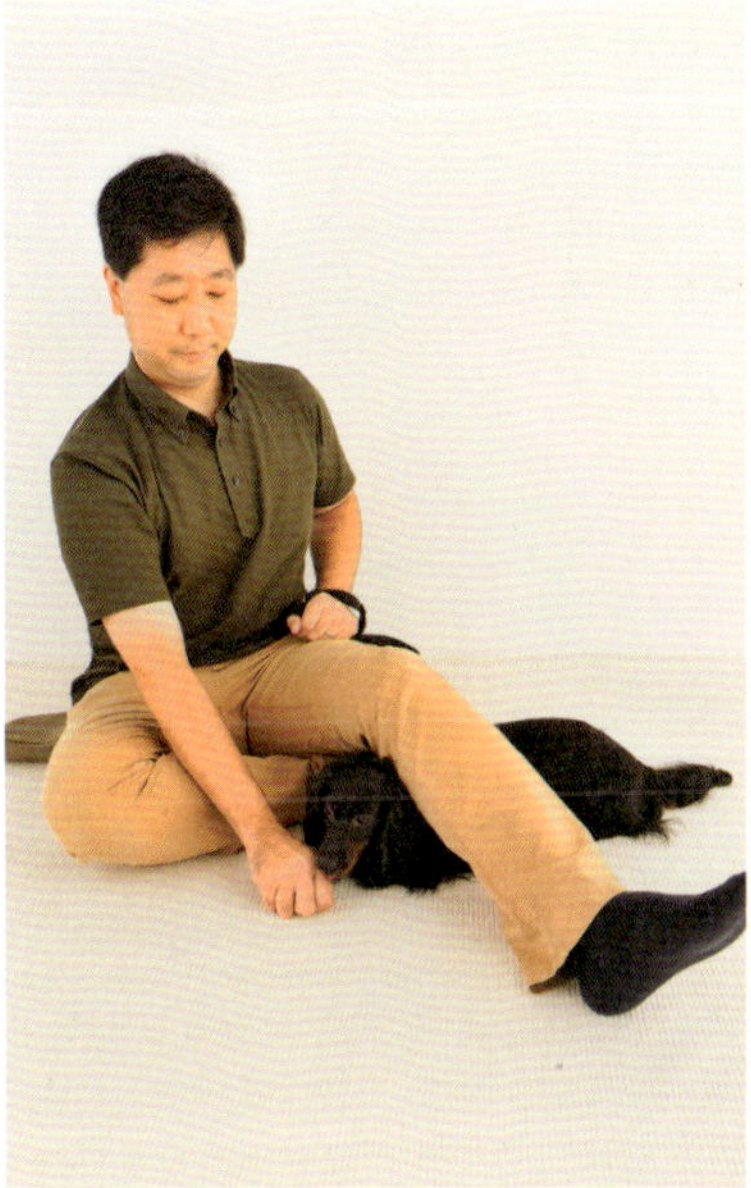

片ひざを立て、犬が足の下をくぐるようにおやつで誘導。フセの姿勢になったらほめてごほうびをあげます。

全

Q ほめようとした瞬間に立ち上がってしまいます

ごほうびをあげる手は、フセをした犬の口の高さに合わせる

ごほうびは、犬がフセをした状態のままで与えて。おやつを持つ手の位置が高すぎると、犬も手を追いかけて立ってしまいます。

手の甲を床にしっかりくっつけて、ごほうびをあげるようにしましょう。

基礎トレ 5

フセ＋マッテ

フセ＋マッテとは、指示を解除するまで、前足のひじとおなかが地面についたフセの姿勢で待つこと。フセの状態で待たせることができれば、比較的犬に負担をかけずに待たせられます。

犬を待たせるときに便利な姿勢

フセは犬にとって、立ったままやオスワリよりも楽な姿勢。とはいえ、犬を待たせるのは、10～15分程度に。あまり長く待たせると、飼い主が「フセ＋マッテ」の解除をしていないのに、犬が勝手に動いてしまうという失敗をまねいてします。

フセ＋マッテができるとなにがいいの？

動物病院の待合室で待っているとき、ブラッシングをするときなど、ちょっとした時間待たせるときにとても便利。ただし、犬がじっとしているか、きちんと見ていられるときに使うこと。解除のし忘れは、犬の混乱をまねきます。

「フセ」の指示を出す

犬を、自分の左斜め前で右向きに座らせ、自分はひざ立ちになり、片方の手にリードを持ちます。途中で失敗したときのためにもう片方の手におやつをたくさん握りこみ、フセさせます（▶100ページ）。

point

スタートのポジションが大切

犬を、自分の左斜め前で、右向きに座らせて。犬がちょうどよい位置でフセができます。

「マッテ」を指示する

おやつを握った手を犬の鼻先から少し離してふり下ろすような動作をし、「マッテ」と言います。

point

包丁でざく切りするような動作を

野菜をざく切りするような動作で「マッテ」の合図に。

このあと、手を犬から遠ざけますが、その手についていかないよう、断ち切る意味があります。

どんなときに使えばいいの？

ちょっとの間、犬に動かず静かに待っていてほしいときに使います。たとえば、宅配便などがきて玄関で対応している間、動物病院の待合室で待っているときなど。犬だけの写真を撮りたいときにも使えます。

- 動物病院の待合室で待っているとき
- 宅配便などがきて玄関で対応しているとき
- ブラッシングをするとき

3
手が行っちゃった〜

ごほうびを握った手を遠ざける

手を遠ざけて、フセの状態で2～3秒待たせます。

point

アイコンタクトはしない

「オスワリ＋マッテ」では、「マッテ」の合図のあとアイコンタクトしましたが、ここではしません。②の状態で、手を自分のあごに持っていくと、手につられて立ってしまうから。手を遠ざけることでつられて動くのをふせぎ、フセで待つ状態を保ちます。

4
①ほめ言葉
いいコ
③なでる
この姿勢のままでいたらおやつが戻ってきた！
②ごほうび

ごほうびをあげ、②、③をくり返す

手を遠ざけても動かなかったら、待っている状態をほめ、握っていたおやつを1個あげます。②、③をもう一度やり、マッテの印象を強めます。最後は手を遠ざけた状態で「OK」の指示で終わりにします。

point

「マッテ」を印象づける

②、③をくり返し行うことで、フセで待つ状態の印象を強め、覚えさせます。

レベルアップ
マル

アイコンタクトをし「OK」の指示を出す

①～④ができるようになったら、③のあと、手を自分のあごの下に移動させ、アイコンタクトをし、②→③→アイコンタクト→④をくり返します。犬と目が合ったら、「OK」の指示を出して、解除します。

point

「マッテ」の時間を延ばす

アイコンタクトで犬が飼い主を見つめる時間だけ、待っている時間を延ばせます。

フセ＋マッテのこんなときどうする？Q&A

◆マークの見方 関連する主な犬のタイプ

小 小型犬　中 中型犬　大 大型犬　全 全犬種

フセ＋マッテは、ちょっとした時間待たせるときに便利な指示。きちんとできるように、トレーニングしましょう。

全

Q 教えるときに気をつけることは？

犬の目線の高さで、なおかつ遠い位置で止める

マッテの合図で「野菜のざく切り」のような動作をしっかりしてから、手を遠ざけること。手を遠ざけるときは、必ず犬の前方に飛ばすようにして犬の視界から消えないようにしましょう。

マッテの合図で手を遠ざけるときは犬の目線の前方に。犬から見えにくい位置に遠ざけたり、上に上げたりしないようにしましょう。

大

Q アイコンタクトをしようとすると、立とうとしてしまいます

マッテ→手を遠ざける→いいコだけくり返す

アイコンタクトの手につられて犬が立ち上がろうとしてしまうので、まずは「マッテ→手を遠ざける→いいコ」で、「フセをキープするといいことがある」ということを確実に教えます。

ごほうびをあげたら、「ＯＫ」と解除の言葉をかけるだけで、犬を自由にさせます。犬が立ち上がらなくなったら、105ページのレベルアップの練習を。

全

Q マッテの間に寝転んでしまいます

誘導する手を犬の脇の下に持ってくる

犬が寝転んでしまったら、誘導する手を犬の脇の下あたりに持ってきて。おやつを食べようとして犬が起き上がるはずです。

寝転がっている犬におやつを握った手のにおいをかがせて犬の脇の下あたりに持ってきます。犬が起き上がったら、104ページの2からマッテをやり直しましょう。

全

Q 犬がリードを踏んでからんでしまいます

リードを首の後ろに回す

リードを床に垂らしていると、犬の足にからみ、犬が気にしてじゃれるなど、違う姿勢になってしまいます。リードはたたんで持ち、犬の顔の前に垂らさず、首の後ろに回しましょう。

リードはたたんで手のなかにしまい、短めにしておくとスッキリします。

基礎トレ 6

オイデ

「オイデ」は、離れた場所にいる犬を飼い主のもとに呼び寄せるときに使います。危険な場面でも、「オイデ」で呼び寄せることができれば、犬を守ることができるので、ぜひマスターしておきましょう。

飼い主のもとに呼び寄せることで犬をコントロール

「オイデ」ができるようになると、犬を自分のそばにこさせたいとき、スムーズに呼び寄せることができ、犬をコントロールしやすくなります。また、練習段階では犬が飼い主のそばにきたらごほうびをあげるので、犬は飼い主のそばに行くことが大好きになります。

オイデができるとなにがいいの？

ごはんをあげるときなど、犬に何かをするために呼び寄せたいときに役立ちます。また、犬が危険な目に遭いそうなとき、呼び寄せて回避できるのは、「オイデ」の最大の利点です。

1
オイデ
何か いいにおいが するぞ！

ごほうびのにおいで誘導しながら後ずさり

犬と向かい合わせになり、犬が勝手な行動をとらないようにリードを短く持ちます。もう片方のおやつを握った手のにおいをかがせて興味を引き、「オイデ」と言いながら後ろに5〜6歩、後ずさりします。

point

立っている犬の鼻先に手の位置を合わせる

犬が歩きやすいよう、立っている状態の犬の鼻の高さに、おやつを持っている手の位置を合わせます。

2
オイデ
おやつの手 待って〜

手を体に引き寄せる

後ずさりしながらおやつを握った手をだんだん自分の足と足の間にくっつけます。

point

リードを引っぱらないように

誘導する手を自分の体に引き寄せ、犬がそばまできたら止まります。誘導するときは、リードを引っぱって無理に引き寄せないようにしましょう。

どんなときに使えばいいの？

犬をもっと近くに呼び寄せたいときや連れて行きたい場所に誘導するときに使います。とくに散歩中、車が近くを通るときなど、危険な場面で犬を守りたいときに使えます。

- 行ってほしくない場所に犬が行こうとしたとき
- 犬が何かに向かって走り出そうとしたとき
- 散歩中に車や自転車が近くを通りそうになったとき

いいコ

3

1 ほめ言葉
いいコ
3 なでる
あれ
座っちゃった
2 ごほうび

オスワリさせてごほうび

自分の足に手がくっついたと同時に、手を少しだけ上に上げて、オスワリの姿勢に導きます。オスワリの姿勢になったらごほうびをあげ、犬に「飼い主のそばに行って座るといいことがある」と覚えさせます。

point

そのまま手を引き上げる

手を体に引き寄せたと同時に少しだけ上に上げると、スムーズに自分の体の近くぎりぎりでオスワリの姿勢をとらせることができます。

4

マッテ
そばに行って
よかった

「マッテ」を指示する

犬の顔の前におやつを握った手を出し、「マッテ」を指示します。

point

飼い主に注目させる

「マッテ」の指示で犬を飼い主に注目させ、ほめられたあともその場にとどまる習慣をつけます。飼い主に注目させるためのおやつなので、「マッテ」ができてもここではおやつをあげません。

5

マル

アイコンタクトをし、「OK」で解除する

アイコンタクトの指示をし、飼い主に注目させます。「OK」と声をかけて「オイデ」の指示を解除し、自由にさせます。

point

「オイデ」に対するイメージを悪くしないように

「オイデ」の練習の後は、イメージを悪くしないように、犬のいやがることをしないようにしましょう。

オイデのこんなときどうする？Q&A

◆マークの見方　関連する主な犬のタイプ

小　小型犬
中　中型犬
大　大型犬
全　全犬種

オイデができるようになると、
犬をコントロールしやすくなります。
つまずきやすいポイントを克服して、
オイデを完全にできるようにしましょう。

小　中

誘導する間に飛びついてきます

誘導の手の位置が高いのかも

誘導する手の位置が高いのかもしれません。手の位置は、立っている犬の鼻の高さまで下げて、においをかがせます。高さは犬によって違うため、そのコに合わせてしっかりにおいをかがせることが大切です。

犬の鼻の高さに合わせてしっかりにおいをかがせたら、108ページの2のように誘導する手を自分の体に引き寄せます。

全

誘導の手についてきません

犬の興味をしっかり引きましょう

犬の興味を引けていないのかもしれません。はじめにおやつのにおいをしっかりかがせ、興味を引きましょう。また、おやつをにおいの強い魅力的なものに変えるのも手。

においをしっかりかがせたら、あとずさりをして、108ページの1のように誘導を始めます。

大 「オイデ」をさせたいのに飛びつきます

指示の出し方をもっとやさしくする

勢いよく号令をかけると犬もテンションが上がってしまい、飼い主に走って近寄り、飛びついてしまうことがあります。やさしい口調で指示を出しましょう。

おやつを握った手をしっかりかがせて、やさしく「オイデ」と言いながら、後ずさりしましょう。犬がそばにきたら、一度座らせ、座った状態でほめることを忘れないで。

全 「オイデ」のときのオスワリでいまいち近づいてくれません

オイデを誘導する手を自分の体に近づける

最後にオスワリをさせるときに、「オスワリ」のトレーニングのやり方（▼92ページ）で指示を出すと、遠くに座ってしまいます。誘導の手を体に沿わせて上に上げるだけでそばに座らせることができます。

おやつを握った手を自分の体につけて、そばまでこさせるようにします。このとき、はじめにおやつのにおいをしっかりかがせておくことが大切です。

基礎トレ 7

ツケ

ツケとは、犬が飼い主の横で、同じ速度で歩くことをいいます。ツケができるようになると、危険な場所で犬が勝手に飛び出したりしなくなるので安全。ぜひ覚えておきましょう。

横について歩いてくれることで、安全を確保

ツケをするときは、早歩きのときも、ゆっくり歩くときも、飼い主の歩く速度に合わせて、犬を歩かせます。飼い主に合わせて歩くことができれば、自動車などの事故やほかの人や犬への飛びつきなどもふせぐことができて安全です。一般的に犬は左側につけますが、右側につけてもかまいません。

ツケができると何がいいの？

飼い主の横で歩くことは楽しいと犬が覚えるので、勝手に前を歩こうとしなくなります。リードを引っぱったり、飛び出したりしなくなるので、安全に散歩ができます。

オスワリをさせてアイコンタクト

リードを持ち、もう片方の手におやつを1個握りこみます。おやつを握った手のにおいをかがせながら、犬をツケの位置に誘導。オスワリの姿勢をとらせ、誘導する手を犬に見えるように肩に置いてアイコンタクトをします。

point

ツケの位置を確認する

自分の足と犬の前足が同じラインになるように立ちます。犬と自分の間は、拳ひとつ分あけます。これがツケの位置になります。

「ツケ」と言って歩きながらごほうびをあげる

「ツケ」と声がけしながら、1歩目を歩き出した瞬間にごほうびを与えて、上体を起こします。

point

おやつをあげる位置に気をつける

手の位置は、左足のズボンの縫い目のあたりを目安にし、手の高さは立っている犬の口の高さに合わせます。手の形をお皿のようにし、そのなかのごほうびを、歩きながら食べさせます。

どんなときに使えばいいの？

交通量の多い道路や人混みのなかなど、犬を自由に歩かせると危ないときに使いましょう。まわりの人への飛びつきなどもふせげます。

- リードを引っぱると迷惑になる場所を通るとき
- マーキングしそうな場所を通るとき
- ほかの犬とすれ違うとき
- 拾い食いしそうなものがあるとき

ツケ

3
いいコ
この人の左側にいるといいことがある

ほめながら歩く

ポーチからおやつを出して、その手を左肩に置き、「いいコ」とほめます。この間、歩き続けます。

point

アイコンタクトはできていなくてもOK

写真のようにアイコンタクトをしていなくても、ツケの位置で歩けていれば、ほめてあげましょう。

4
じょうず～
合ってるよ～

ほめながら歩きごほうびをあげる

「いいコ」のあとすぐに、握りこんでいたおやつをあげます。②～④をくり返し、歩きます。

point

おやつは必ず歩きながらあげる

立ち止まっておやつをあげてしまうと、散歩中、おやつがほしくて、立ち止まってしまうようになることも。スピードは落としても、歩き続けながらあげましょう。

5
OK

「OK」の指示を出し、解除する

速度を落としてゆっくりと止まり、オスワリをさせてから、アイコンタクトをします。「OK」と声をかけて「ツケ」の指示を解除し、自由に歩かせましょう。

point

「ツケ」を終わらせるタイミング

よく集中がとれてじょうずに歩けているときに、ゆっくりと止まってツケの終了の対応をしましょう。

ツケのこんなときどうする？Q&A

◆マークの見方　関連する主な犬のタイプ

小　小型犬
中　中型犬
大　大型犬
全　全犬種

散歩のときにツケができると素敵に見えます。
つまずきやすいポイントを解消して、
ツケができるようにがんばりましょう。

小　中

Q　ごほうびをあげようとすると飛びつきます

ごほうびをあげる手は、歩いている犬の口の高さに合わせる

飛びつくのは、ごほうびをあげる手の位置が高いから。歩いている犬の口の高さまで、しっかりと手を下げて与えましょう。

ごほうびをあげる手をズボンの横の縫い目のラインの位置に持ってくると、うまく横につくようになります。

小

Q　歩いていると、飼い主の前に回りこんできます

おやつを握った手を犬がいる方の肩に置く

おやつを握った手を肩ではなくあごのあたりに置いていませんか？　犬はそれを見ようと前にきてしまうのです。犬側の肩に置くと、指示が見やすくなるので、回りこみをふせげます。

手を肩に置き、さらに体も犬側に向けて歩くと、アイコンタクトがしやすくなり、犬がより集中できます。

全 Q リードを引っぱります

回れ右をして逆方向に歩く

犬が前に出たら方向転換。回れ右をし、今きた道を戻ります。犬は自分が行きたい方向に行けないと気づき、勝手に突進するのをやめるようになるはずです。

✖NG!

再び犬が横についたら、すかさずほめてごほうびを。「飼い主の横につくことはいいことだ」と教えます。

全 Q 途中で止まってしまいます

ごほうびは常に歩きながらあげる

飼い主が無意識のうちに止まってごほうびをあげていることが考えられます。歩き続けながら、ほめ言葉をかけ、ごほうびをあげることを心がけてトレーニングしましょう。

✖NG!

スピードは落としたとしても、そのまま歩き続ければ、ついて歩く動作をキープすることができます。

基礎トレ 8

ハウス

ハウスとは、犬がクレートのなかに入ることをいいます。「ハウス」の指示だけでクレートに入るようになり、扉を閉めても静かに待っていられるようになるのが目標です。

ハウスに慣れると、困った行動が未然にふせげる

ハウスに自分から入れるようになると、いたずらなど、困った行動を未然にふせいだり、旅行など、場所が変わってもクレートさえあれば安心できるようになったりします。初日から入れる犬もいますが、警戒して入らない犬も。また、過去にハウスのしつけに失敗している場合も、まずはクレートに慣らすことから始めましょう。あせらずじっくり取り組みましょう。

ハウスができると何がいいの?

ハウスとなるクレートは檻のように見えますが、慣れれば犬にとって快適で安心できる場所に

STEP 1

ごほうびでなかへ誘導する

片方の手でリードを持ちます。もう片方の手におやつを握り、その手のにおいをかがせて興味を引きながら、犬がクレートに入った瞬間に「ハウス」と声がけをします。

point

クレートの扉を閉めないように

STEP3まではクレートの扉を閉めません。扉が動かないように固定するか、取り外すと練習しやすくなります。

なかに入ったらほめてごほうびをあげる

犬がなかに入ったら、その状態をほめて、持っていたおやつをあげます。

point

犬が飛び出してもあせらない

犬が手を振り払って飛び出したとしても無理やりハウスのなかに押しこんだり、飛び出しを制御したりしないようにします。練習を重ねることで、犬が勝手に飛び出すことがなくなります。

なります。クレートが好きになれば、病院やペットホテルに預けたり、電車や車で犬を移動させるときなどさまざまなシーンで役に立ちます。

どんなときに使えばいいの？

留守番や来客時、旅行のときなど「ハウス」でクレートに入れるようにしておきましょう。また、災害などの緊急時にクレートに入って静かに待つことができれば、避難所でほかの人といっしょに生活することも不可能ではありません。

- 旅行先、病院、ペットホテルなど場所が変わるとき
- 犬嫌いなお客さんが来たとき
- 飼い主が食事をするとき
- 災害など緊急事態のとき
- 留守番のとき
- 車や電車で移動するとき

「マッテ」の指示を出す

クレートに入って落ち着いておやつを食べられるコには、犬の目線に合わせて手をかざして「マッテ」の指示を出し、待たせます。

point

犬の顔の前に必ず出すように

犬の動きを制するように、手を犬の顔の前に出して指示します。

ほめてごほうびをあげる

犬がなかで待っていられたら、クレートに入っている状態のままほめて、ごほうびをあげます。

point

なかに留まっていられたらほめる

飼い主の指示でハウスのなかで待っていると、いいことがあると印象づけます。

「OK」の指示でハウスから出す

「OK」と声をかけて「ハウス」の指示を解除し、ゆっくりとクレートの外に出してあげましょう。

point

くり返し練習する

くり返し練習を行い、さらにふだんから、ハウスのなかにおもちゃやおやつを置いておくと、みずからなかに入るようになり、ハウスに慣れるのが早まります。

ハウスに慣れさせるには

犬にとっては、クレートのなかのように狭くて薄暗い場所は本来、落ち着ける場所です。しかし、クレートに入れても扉を閉めると吠えたり、暴れるコは、ハウスに入れるのと同時に長もちするおやつを与えて時間をかせぎながら、扉を少しずつ閉める練習を。吠えたり暴れたりしても出さないようにします。

STEP 2

「オスワリ」の指示をし、アイコンタクト

クレートに入れる前に、おやつを使わずに「オスワリ」の指示をし、アイコンタクトをとります。

point

おやつを使わず練習

STEP1でクレートに慣らし、いやがらずに入るようになったら、おやつを使わずに「ハウス」の指示だけで入れるように練習します。

「ハウス」の指示だけで入れる

「ハウス」の指示でなかに入れ、「OK」で出し、これをくり返します。

point

くり返し慣れさせる

1、2をくり返し練習し、指示で入ることに慣れさせます。同時に、ハウスのなかにいる時間を少しずつ伸ばして、将来的には長時間入っていられるようにします。

STEP 3

扉を閉めて慣れさせる

はじめは半分だけ閉めた状態で、クレートのなかにいることに慣れさせます。そのあと、ガムなどの長もちするおやつをあげて夢中にさせ、気づかれないように少しずつ扉を閉め、最終的に完全に閉め切ります。

point

閉め切る時間は少しずつ延ばす

扉を閉め切る時間は、数秒単位から始め、徐々に時間を延ばしていきます。

ハウスのこんなときどうする？ Q&A

◆マークの見方 関連する主な犬のタイプ

小	中	大	全
小型犬	中型犬	大型犬	全犬種

ハウスに入って静かに待てる犬になれるように、よくあるつまずきを解消してトレーニングをしましょう。

Q 全 ハウスのなかに入ってくれません

屋根を外して練習する

警戒心が強いのかもしれません。おやつを使ってもなかに入らないなら、犬に見られないように屋根を外して誘導してみましょう。さらにクレートの底に愛犬のにおいがついた敷き物を敷くと、警戒心が薄れる効果もあります。

クレートの屋根を外し、なかにフードを入れてクレートに興味を持たせることから始めます。慣れたら元の形に戻して**STEP1**から練習を。

Q 全 扉を閉めると騒ぎます

静かになるまで無視

クレートの扉を閉めたとき、犬が鳴いたり暴れたりしても出さないようにしましょう。鳴いたり暴れたりしたら出してもらえると覚えてしまい、クレートに慣れさせるのが難しくなります。

静かになるまで無視し、騒がなくなって完全に落ち着いたら出して、練習し直します。はじめて扉を閉めるときは、いきなり閉めるのではなく少しずつ閉めます。

＼ 戸田トレーナー、教えて！ ／

しつけ教室の選び方

犬に人間との生活に必要なことを学ばせることができるのが、しつけ教室。子犬のうちからしっかりとしつけることができるので、検討してみましょう。

しつけ教室は目的に合わせて選ぼう

しつけにつまずいたとき、問題行動に悩んでいるときは専門家の指導をあおぐのがいちばんですが、じつは犬を飼うと決めたときから、プロのドッグトレーナーの指導を受け始めるのが理想です。トレーナーに学び、子犬のうちからしつけると、飼い主が困った行動に頭を悩ませることもなく、犬にストレスがかかることもなく、将来的にお互い幸せに暮らすことができます。ただし、油断は禁物。せっかく習っても、しばらくして飼い主が油断してしつけを適当にしてしまうと問題行動の原因になってしまうので、しつけ方をいっしょに勉強し習ったことを継続するのが大事です。

トレーナーを探すときには、持っている資格やその資格を与えている団体を調べると、指導の方針が自分の考えと合っているか、目安になります。また、犬への教育方針が、自分が求めているものに合っているかどうか、ほめてしつけるのか、しかることを重視するのかなど、事前によく確認し、見学や問い合わせなどにていねいに応じてくれるところを探してみましょう。また、習う目的をはっきりさせることも大切です。基本的なしつけを徹底したいのか、問題行動を直したいのか、訓練競技会に出るために高度な訓練を受けたいなど、目的に合ったところを選びましょう。

訓練を受けることにしたとしても、トレーナーにまかせきりではいけません。トレーナーの指示は聞けても、飼い主の指示に従えないということになっては意味がありません。犬といっしょに練習ができるところを探しましょう。

しつけ教室いろいろ

犬と自分の目的に合ったしつけ教室を選びましょう。

個別のしつけ教室

トレーナーが自宅まで出張するので、飼い主といっしょにいつもの公園やおうちでレッスンが受けられます。トレーナーがしつけの環境や飼い主が行っているしつけを見て指導できるので、問題行動の改善につながります。個別指導なので細かいところまで教えてもらえます。

しつけ教室（グループレッスン）

3～6頭で行う集団レッスンで、決められた日時にトレーナーのもとへ犬といっしょに通います。飼い主もいっしょに学べるので教室で習ったことを練習できます。個別指導ではないので、自分のペースでレッスンを進めるのは難しいです。

訓練所

期間はさまざまですが、訓練所に犬を預けます。トレーナーがしっかり犬のトレーニングを行いますが、飼い主が直接指導を受けられないところも多いようです。訓練競技会などの大会で入賞を目指したり、ドッグショーに出たいなどの目的で、本格的な訓練を希望する人向きです。

PART 4

愛犬と
もっと楽しく！

おでかけの
マナーとしつけ

愛犬も一緒におでかけできれば、犬との暮らしがもっと楽しくなるはず。外出先でまわりの人に迷惑をかけず、犬が落ち着いて過ごすために必要な、しつけとマナーを紹介します。

車＆電車に乗せるならキャリーやクレートに慣らしておいて

電車の利用はキャリーバッグに慣らしてから

体の小さい犬なら、キャリーバッグやクレートに入れて電車に乗ることができます。ただし、キャリーなどの大きさには制限があり、料金が別途かかる場合も。詳しくは利用する鉄道会社に問い合わせてください。

キャリーバッグに入っていても、吠えたり鳴いたりするとほかの乗客に迷惑がかかります。電車は、キャリーバッグに落ち着いて入っていられるようになってから利用して。はじめは無理せず、1駅分乗車できることを目標にし、徐々に慣らしていきましょう。

キホン

電車に乗るときの注意とマナー

小型犬はキャリーバッグに入れれば乗車可能。

慣れるまでは座らない

最初はほかの乗客と距離を保ったほうが飼い主も犬も安心。連結部やドア付近に立っていたほうがよいでしょう。

食事は少なめに

電車でも振動で酔ってしまうことがあります。電車に慣れるまでは、乗車前の食事は少なめにしましょう。

キャリーバッグから頭を出さない

犬の頭だけ出ていることがありますが、これはルール違反。犬もキャリーに完全に入っているほうが安心します。

車嫌いにさせないよう徐々に慣らしていって

犬を車に乗せるときは、安全を第一に考えましょう。基本は、犬をクレートに入れること。自由にさせておくと、運転のじゃまをしたり、いたずらをしたりと危険です。また、外の景色に興奮して吠えたりするのもふせげます。まずはクレートのなかで落ち着いていられるよう、ハウストレーニング（▼116ページ）をしておきましょう。

出発前にトイレはすませ、胃に負担がかからないよう食事は少なめにしましょう。車酔いしやすいなら動物病院で酔い止めの薬を相談し、もし吐いても騒がずにさっと片づけて。そして、最初のドライブはほんの数分にし、徐々に距離と時間を伸ばしていくことが大切。無理すると車嫌いになってしまうので、様子を見ながら慣らしましょう。

キホン

車に乗せるときのしつけと安全対策

犬はクレートに入れるのが基本ですが、犬用シートベルトで固定する方法も。

犬用シートベルトで固定

胴輪に犬用シートベルトをつけ後部座席に固定

将来的に3つの条件をクリアできたら、胴輪に犬用シートベルトをつけて固定する方法も。①窓から見えるものに吠えたりしない、②排泄のコントロールができている、③車のなかで落ち着いていられる、という3点です。犬用シートベルトは大型のペットショップなどで購入できます。

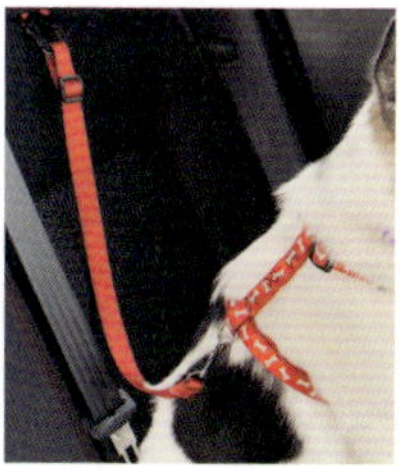

クレートに入れる

後部座席の足元に置くかシートベルトで固定を

大きすぎると犬がなかで動いてしまうので、体の向きが変えられる程度のクレートを。置く場所は、後部座席の足元が安全。すき間があれば動かないよう布などを詰めて固定します。座席や荷台に置く場合はシートベルトなどで固定を。シートベルト固定機能つきのクレートも市販されています。

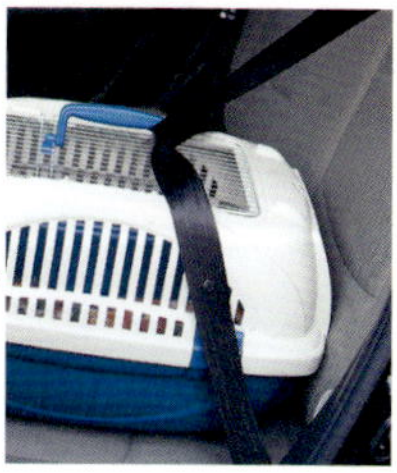

キホン

安全に車を乗り降りするためのしつけ

事故に遭わないよう車の安全な乗り方と降り方をマスターして。

中・大型犬は指示で乗り降りを

クレートやキャリーで運べない中・大型犬は、「ハウス」など指示で乗り降りできるように練習しましょう。また、リードの着脱は、必ず車内で行いましょう。

小型犬はクレートに入れたまま乗り降り

小型犬の場合は、クレートやキャリーに入れたまま乗り降りするのが安全です。

HOW TO

車の乗り方

「オスワリ→マッテ」をさせる

車のドアを開け、その前で「オスワリ→マッテ」の指示を出します。ドアを開けたら一目散に車に入ってしまう、ということのないようにしつけます。

「ハウス」で車内のクレートに

犬が落ち着いていられたら、「ハウス」の指示を出し、車に入ることを許可します。リードは必ず犬がクレートのなかに入ってから外します。

HOW TO

車の降り方

シートベルトの場合

まずは「マッテ」で落ち着かせて

ドアを開けたら、「マッテ」の指示を出し、今すぐ車から出たい犬を落ち着かせます。

シートベルトを外す前にリードを

最初にリードをつけ、そのあとシートベルトを外します。これを習慣にすると安全。

クレートの場合

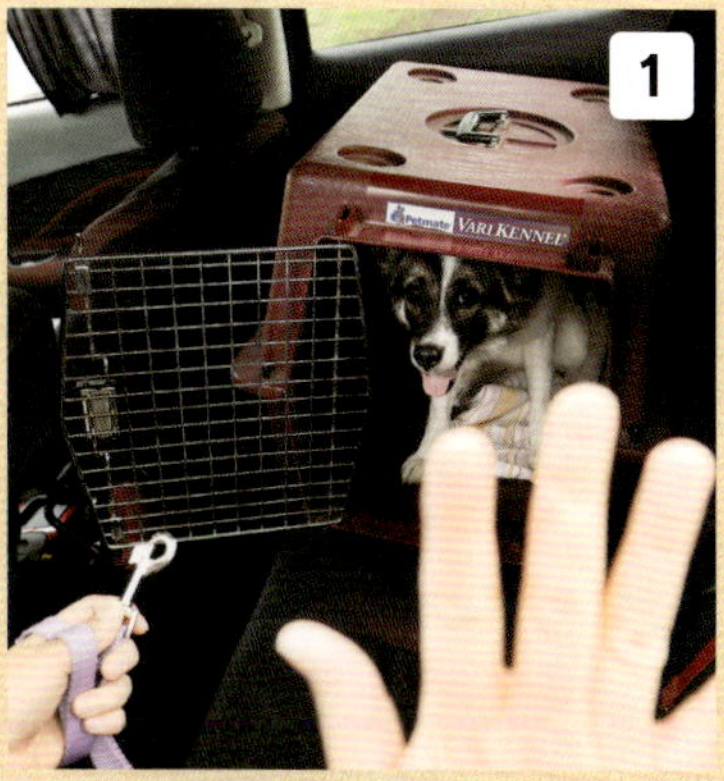

クレートの扉を開けて「マッテ」

車のドアを閉め、クレートの扉を開け、「マッテ」の指示。勝手に飛び出さないように。

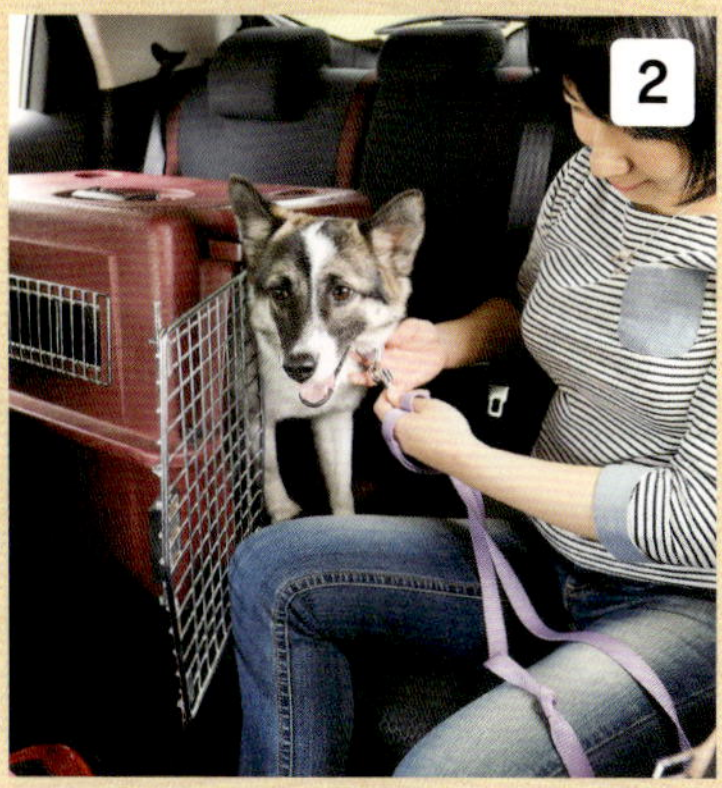

車内でリードをつける

飼い主が車に乗り、リードをつけます。リードは必ず、ドアを閉めた車内でつけて。

抱っこ、または指示で犬を降ろす

1 で出したマッテに「OK」を出します。降りるときは抱っこがいちばん安全なので、抱けるコは抱っこで降ろします。大きくて抱っこが難しい犬は、「OK」の指示で犬を動かして、自分から降りるようにうながします。

動物病院

動物病院でのマナーは「慣らす」ことからスタート

治療のためにも愛犬を興奮させないで

動物病院では「愛犬を興奮させないこと」を第一に考えましょう。マナーうんぬんの前に、犬がある程度落ち着いた状態でなければ適切な治療が受けられないからです。とくに待合室にはほかの動物もいるので興奮しやすくなります。フセの姿勢で待機させるのが基本のマナーですが、それができないほどおびえていたり興奮していたりするときには、病院スタッフにひとこと伝えてから外に出て待つのも一案。愛犬のストレスを取り除くことが、よりよい治療や周囲へのマナーへとつながります。

日ごろから動物病院に慣らす工夫を

病気のときだけ動物病院を訪れていたのでは、犬には「病院に行くと、いやなことをされる」という印象しか残りません。治療時の恐怖心を少なくするためにも「病院＝いいことがある場所」と思わせたいもの。かかりつけの動物病院を散歩コースに入れ、動物病院の前でおやつをあげるなど、日ごろから慣らすことが大切。とくに恐怖心が強い犬の場合は病院のスタッフや先生に協力をしてもらい、立ち寄ったときにおやつをあげてもらったり、大丈夫な場合はなでてもらうと効果的です。

キホン

動物病院へ行くときの準備

病気やケガは突然やってきます。日ごろから準備を。

犬には必ずリードをつける

体調が悪いときはふだんより敏感になり、興奮しやすくなるもの。リード、首輪は外れないようしっかりつけ、入れられるならキャリーバッグも持参して。

トイレセット、おもちゃ、おやつは必需品

トイレシーツと粗相をしてしまったときのための掃除セット、お気に入りのおもちゃやおやつ、落ち着くアイテムなどがあれば持っていきましょう。

キホン

待合室での過ごし方

ほかのペットと遭遇する待合室では、トラブルが起きないよう注意を払って。

ほかのペットには近づかないようにしましょう

病気の感染予防のためにも、ペットどうしは近づけないようにしましょう。また、飼い主を通して病気が感染しないともかぎりません。飼い主もほかのペットと接触しないように。

愛犬は足元かひざの上、キャリーバッグで待たせて

フセができるなら、リードを短く持ち足元でフセを。ほかの犬と対面にならない向きにします。落ち着かないなら抱っこや、キャリーバッグに入れましょう。イスには直接乗せないように。

MEMO

落ち着いているコはマッテ、フセの練習をしても

愛犬が落ち着いているようであれば、待ち時間にふだん練習してきたことを実践してみましょう。基本はフセで待たせておきます。患者さんが入ってきたときに動きそうになったらマッテ、ほかの犬に動じず、静かに待つことができたらほめるなど、病院では騒いではいけないというルールを教えましょう。

注意！

粗相、マーキングに気をつけて

動物病院へ入る前は必ず排泄させます。待ち時間に排泄しそうになったら外に連れ出し、トイレシーツに排泄させましょう。その場合、動物病院のスタッフに迷惑にならない場所を教えてもらうとよいでしょう。粗相やマーキングをしてしまったときにもそうじをしてから報告を忘れずに。

ドッグラン

ドッグランは「オイデ」ができるようになってから

ドッグランを楽しめる性格かどうかも大切

犬をノーリードで遊ばせられるドッグランは、運動の場、犬どうしのコミュニケーションの場として有意義な場所。でも、こわがりの犬をほかの犬に慣らすために連れてくのは、やめましょう。ほかの犬に対する恐怖心が強まるだけです。

また、トラブル回避には「オイデ（▼108ページ）」などができていることも必須。いつもとは違う環境のため、できていたトレーニングが崩れてしまうというリスクもあります。犬の性格やトレーニングの進み具合をよく考慮しましょう。

HOW TO

ドッグランデビューまでの慣らし方

STEP 1

アイコンタクト ▶88ページ　オスワリ ▶92ページ　オスワリ→マッテ ▶96ページ　オイデ ▶108ページ

上の4つのトレーニングをマスターしておく

基本のトレーニングができていないとドッグランで愛犬をコントロールできません。まずは家のなかで練習を。

STEP 2

屋外でもトレーニングして

家のなかでトレーニングができたら、次は刺激の多い屋外でできるように慣らしていきましょう。最初は誰もいない公園からスタート。少しずつ人や犬が多い場所へとステップアップさせましょう。

STEP 3

ドッグランでもいつものトレーニングを

ドッグランの外でもなかでも、**STEP1**、**2**と同様に基本のトレーニングを。「いつもの練習と同じ」と犬に印象づければ、ドッグランでの暴走、興奮を少なからず予防できます。初回は朝いちばんなど、だれもいない時間をねらい、徐々に入場数の多い時間にステップアップを。

point!

遊んでいても必ず帰ってくるようトレーニングを

遊んでいる最中も、特別なおやつを使って「オイデ」で呼び戻す練習をし、「戻るといいことがある」「戻ってもまたほかの犬と遊べる」と学習させて。「オイデ」→戻ってきたらほめておやつ→落ち着いていたら「オスワリ→アイコンタクト→OK」で再び遊ばせます。

キホン

ドッグランでのマナーと必要なしつけ

飼い主がきちんと愛犬をコントロールして事故やトラブルをふせぎましょう。

ドッグランのなかでは愛犬から目を離さない

ドッグランのなかに入ったらまず、リードをつけたまま歩かせて。そして、犬が落ち着いたら「オスワリ→アイコンタクト→OK」でリードを外します。

トイレはドッグランの外で

興奮するとオシッコしやすくなるので、ドッグランに入る前に一度排泄させておきましょう。犬や人の少ない場所を選び、トイレシーツにさせるのがマナーです。

入場、退場時はゲートがすいているときに

ゲート付近は好奇心旺盛な犬が集まりがち。犬の脱走や興奮をふせぐために入退場は犬が少ないときを見計らって。入場前に「オスワリ→マッテ」をさせることで愛犬の興奮も抑えられます。

ドッグランの利用規約は事前確認を

注意!

おもちゃ、フード、ロングリードはNG

おもちゃやフードはケンカ、ロングリードは事故の原因になるため禁止している施設もあるので確認を。

生理前後1か月は入場しない

生理前後1か月のメス犬は、ドッグランに入場しないように。オス犬を興奮させ、トラブルのもとに。

ワクチン接種をしておくこと

狂犬病ワクチン、混合ワクチンを受けておくことがマナーです。接種証明の提示が必要な施設も。

ドッグカフェ

ドッグカフェはトイレのしつけや基本のトレーニングができてから

カフェでくつろげるかどうか見極めを

最近は犬連れでも入れるカフェやレストランが増えてきました。店側が犬同伴を許可しているとはいえ、食べものを扱う場所に連れて行くのですから、衛生的に過ごせるようマナーを守ること、犬のトレーニングができていることが必要条件です。そして何よりも、その場所で犬がリラックスできるかが重要。長時間じっとしているのが苦痛な犬をドッグカフェに連れて行くのはかわいそうです。ドッグカフェは社会化訓練の場ではありません。犬も飼い主もともに楽しめる場合に利用しましょう。

check!

愛犬がドッグカフェへ行ける段階かチェック！

□ **ほかの人や犬に慣れている**

なわばりを主張してお客さんがくるたび吠える犬、おびえている犬はドッグカフェに連れて行く段階にありません。外の社会に慣らし、行けるか見極めてからにして。

□ **トイレトレーニングができている**

店内での排泄を避けるためにも、店に入る前には排泄をすませておく必要があります。外でもトイレシーツの上で排泄ができるようトレーニングをしておきましょう。

□ **人の食べ物は食べない**

ふだん家で飼い主の食べものをおすそわけしてもらっている犬は、外でも同じように吠えて要求し、うるさくて迷惑です。日ごろから人の食べものは与えないよう習慣づけておきましょう。

□ **アイコンタクト、マッテ、フセができる**

飼い主を見るアイコンタクトや動作を制止するマッテはマスターしておく必要があります。ドッグカフェでの基本姿勢、足元でのフセも犬がみずからできるよう、ふだんから練習しておきましょう。

MEMO

カフェに行く前に運動させるのも◎

訓練できている犬でも、はじめていく場所ではソワソワしてしまうもの。「ドッグカフェでは休憩する」ということを犬に教えるためにも、はじめのうちはカフェに入る前にたっぷり運動させ、疲れさせておくとやりやすいでしょう。

キホン

ドッグカフェでのマナー

衛生面や吠え声などで周囲の人が不快に思わないよう気をつけましょう。

店内での排泄は厳禁！

食事をする場所での排泄は絶対に避けましょう。愛犬のトイレサインが出たらす早く外へ連れ出し、トイレシーツの上で排泄させましょう。

人の食べ物は与えない

衛生的によくないばかりか、一度味をしめると「もっと、もっと」と興奮してしまう可能性も。決して与えないようにしましょう。

犬は足元に

犬はイスの上に乗せないのがマナー。通行の邪魔にならない、イスの下か足元で待たせます。カフェマットを敷く、キャリーバッグに入れるなど、犬が落ち着ける状態にしてあげて。

吠え始めたら外へ出す

愛犬を落ち着かせるためにも、店内にいるほかの犬を興奮させないためにも、吠えたら外へ出します。それを徹底し、吠えてはいけない場所だということを教えましょう。

愛犬に合わせたグッズを用意

カフェマットや水、ガムなど長もちするおやつ、トイレグッズは必需品。抜け毛が多い換毛期には洋服、よだれをたらしやすい犬はよだれふきなど、犬に合わせて用意するのがマナーです。

point！

カフェでは指示ではなく静かに待つことを教えて

犬があきらめて自発的におとなしくしたときにほめます。

犬がじっとしていなくても無視をする。

犬に指示を出したら、解除するのがルール。しかし、カフェで「フセ」をさせると、飼い主が食事や会話に夢中になり、まだ解除していないのに、犬がフセの姿勢をやめているということになりかねません。トレーニングのさまたげになるので、カフェでは指示に従わせるのではなく、「飼い主が休憩しているときは自分も休憩する」ということを教えるとよいでしょう。

ショッピングセンター

ショッピングセンターのマナーは犬を飼っていない人に合わせて

ショッピングセンターは犬にとって刺激的な場所

色とりどりのディスプレイ、陳列された商品、楽しそうな音楽に人の声…。ショッピンセンターに入るとまわりの雰囲気につられ気持ちが高ぶるものです。人間でもそうなのですから、犬にとっては相当刺激的な場所であることが想像できます。車のエンジン音や自動ドア、突然の店内放送など、犬がおびえたりパニックを起こす要素はたくさんあります。ショッピングセンターに犬を連れていくなら、愛犬がそういった刺激を受け止められるのかどうか、よく見極めてからにしましょう。

ショッピングセンターに不向きな犬は…

以下の項目に当てはまる犬にとって、ショッピングセンターはつらい場所。家でお留守番させておきましょう。

- □ 吠えグセがある
- □ トイレトレーニングができていない
- □ 興奮しやすい
- □ ほかの人や動物に慣れていない
- □ 音に敏感
- □ こわがり

注意！

犬を車などに残してお買い物に行くのはNG

店内では犬が興奮するから…と、犬だけを車に残したり、店の外で待たせたりするのはマナー違反。事故や誘拐などのトラブルが起きる可能性があり、犬にとっても危険です。犬を連れて行くなら一緒に行動する、一緒に行動できないなら連れて行かないのがルールです。

飼い主のマナーが問われる場所

犬とその飼い主が集まるドッグランやドッグカフェとは異なり、ショッピングセンターはさまざまな人が利用する場所です。犬が苦手な人や動物と接する機会の少ない人のなかには、ショッピングセンター内に犬がいることを不快に思う人もいるかもしれません。ショッピングセンターは〝犬のための場所ではない〟ということをよく理解し、室内では犬を歩かせない、衛生面にはとくに気を配るなど、周囲の人に不快感を与えないよう注意しましょう。

「少しくらいなら…」という気のゆるみがトラブルにつながり、犬の同伴が禁止になる可能性もあります。公共の場に犬を連れていくなら、いつもより気を引き締め、犬連れのお手本になるような行動を心がけて。

キホン

ショッピングセンターでのルールとマナー

犬と行動できる場所を減らさないためにも、しっかりルールを守りましょう。

1 はじめにペット同伴のルールを確認する

「ペット同伴OK」としている店でも、行動できる場所がかぎられている場合が多くあります。ほかにも、カート利用を義務づけていたり、ワクチン接種ずみであることが条件だったり、施設によってそれぞれルールが異なります。事前に確認しておくようにしましょう。

2 人が多いところや食品売り場は避ける

食品売り場やレストラン街など、食べ物を扱っている場所には入らないのがマナー。禁止されていなくても常識として守りましょう。また、人が多い場所は犬の興奮をまねきやすいので避けるのが賢明です。

3 清潔に気を配る

店内に入る前には排泄をさせ、粗相やマーキングをふせぎましょう。また、換毛期などの抜け毛が気になるときには、服を着せる、キャリーバッグから出さないようにするなどの対応をしましょう。

4 移動は犬用カートかクレートが理想

店内での犬の扱い方は、施設によってルールが異なります。大型犬のみリードをつけて歩くのを許可しているところや、歩かせるのはダメだけど抱っこはOKというところも。ただ、トラブルを避けるためには犬用カートかクレート、キャリーバッグでの移動が理想的。カートを使う場合は、犬が身を乗り出さないよう注意し、愛犬の抜け毛をきれいに取り除いてから返しましょう。

旅行

愛犬を旅行に連れて行くなら基本のしつけは完ぺきに

近場の旅行から少しずつ慣らしましょう

日常を離れる旅先では、予想外のトラブルがつきもの。ふだんは粗相をしないコが、食事やトイレのタイミングがずれることで粗相したり、聞き慣れない音に警戒心が強まり一日中吠えていたり…。そんな事態を避けるには、犬も飼い主も、ともに旅行という非日常に慣れることが大切。最初は無理をせずに日帰り旅行から始めましょう。旅を楽しむことができたら徐々にステップアップを。飼い主の緊張は犬にも伝わるので、余裕のある計画を立て楽しむことが成功のカギです。

キホン

旅行に必要なしつけ

旅先でのトラブルをふせぐのは、日ごろのトレーニングです。

1 トイレトレーニング

旅先での粗相をふせぐには、飼い主がタイミングを見はからって早めに排泄させるのがポイント。ふだんから排泄のときには決まったかけ声をかけ、飼い主の指示でトイレシーツに排泄できるようにしておくとよいでしょう。

2 クレートトレーニング

「クレートのなかは安心できる場所」と教えておけば、環境が変わってもクレートのなかでは落ち着いて過ごせます。とくに環境の変化や物音に敏感なコの場合は、日ごろからクレートをハウスとして使い、慣らしておきましょう。

3 ひとりで待つ練習

食事やお風呂で、犬と離れるときに必要になります。家ではお留守番できるコでも、違う環境では飼い主が見えないと不安に駆られ、吠え続けてしまうことも。ふだんから、ひとりで待つことに慣らしておきましょう。

4 社会に慣らす練習

旅先ではさまざまな音やにおいに接することになります。宿泊先ではほかの動物とすれ違うことも。はじめて見るもの、感じるものに対する過剰反応がトラブルの原因になるので、日ごろから社会に慣らすことを心がけて。

ペットＯＫの宿でもマナーは大切

　ペットの同伴を許可している宿でもさまざまなタイプがあります。たとえば、「ペット連れがメイン」のところや、「メインは一般のお客さんだけどペット連れもＯＫ」という宿泊施設など。初心者には前者のタイプがおすすめですが、お客さんの多くがペット連れだからといって犬を自由にしていいわけではありません。ほかの動物もたくさん集まっているのですから、犬どうしのケンカやトラブルをふせぐためのマナーが必要です。

　どちらにせよ、宿泊先では飼い主が愛犬の行動をしっかりコントロールすることが大切。旅行慣れしている犬であっても、泊まる場所や出会う人、動物は毎回違うわけですから、何がトラブルの引き金になるかわかりません。油断は禁物です。

キホン

宿泊先でのマナー

ほかの人に迷惑をかけないことと愛犬を不安にさせないことが大切。

ロビーや廊下などの共有スペースでは

ほかの動物とのトラブルを避けるため、移動時は抱っこをするかクレートに入れておくと安心です。どちらの場合も必ずリードはつけましょう。歩くときはリードを短く持ち壁側を歩かせます。犬が興奮しそうになったらおやつなどで気をそらす工夫を。ロビーなどで待たせるときは、つぎの行動までにワンクッションおけるフセの姿勢で待機させるのが基本です。

客室では

はじめての場所では犬も落ち着かず粗相しやすくなります。客室に入ったらすぐ犬のトイレの場所を決め、排泄させて。その後もまめにトイレをうながして粗相をふせぎましょう。また、客室内に犬の居場所を作り、ベッドやソファには乗せないようにします。はじめは、「庭つき一戸建て（▶45ページ）」のシステム一式を用意するのがいちばん安心です。

戸田トレーナーが答えます！

犬のしつけのソボクなギモン 2

引っ越しを機に、できることができなくなってしまいました

引っ越しなど環境の変化は犬にとって大きなストレスに

環境が変わった不安から、今までできていたことができなくなるケースは、意外に多いようです。吠えるなどの問題行動に発展することも少なくありません。引っ越しは理想をいえば、犬を新居に慣らしてから行うのがベストです。新居の契約をしたらすぐに引っ越しするのではなく、引っ越しの前に何度も犬を新居に連れて行きましょう。そこでおやつをあげたり遊んだりして、「安全で楽しい場所」と印象づけてから、本番の引っ越しに臨むようにすると問題が起こりにくいのです。

犬を飼うなら個人賠償責任保険に入ったほうがいいと聞きましたが…

愛犬の行動が思わぬ事故を引き起こしたときの保障に

ドッグランで犬どうしがケンカになり、相手の犬にケガをさせてしまった…。散歩中、何かに驚いた犬が吠えてしまい、その吠え声にびっくりした通行人が転倒してケガをしてしまった…など、思わぬ事故が起こらないともかぎりません。このようにペットが他人にケガをさせたり、他人の所有物を壊したりしたときに、相手に支払う賠償金や訴訟になったときの費用を補償してくれるのが「個人賠償責任保険」。火災保険、損害保険、自動車保険の特約として、あるいはペット保険でも扱いがあるので、加入しておくと安心です。

犬の幸せってなんですか？

飼い主の幸せと表裏一体

おいしい食事、快適な居場所、適度な運動、そして飼い主の愛情があれば、犬は十分幸せではないでしょうか。散歩や遊びなど、犬が喜ぶことを見つけて、それを叶えてあげることも大切。また、飼い主が毎日幸せに暮らしているかどうかも重要です。飼い主が精神的に不安定だと、犬が不安に思うからです。逆に犬が問題行動を抱えていると、飼い主がストレスを感じてしまうので、問題があるならそれを解消することも欠かせません。

PART 5

いますぐ
やめさせたい！

愛犬のよくある「困った」解消法

吠えたりじゃれがみしたり、飼い主なら誰しもひとつやふたつ、愛犬の困った行動に頭を抱えているはず。ここでは、44の「困った」ケースとその解消法を紹介します。

よくある困った！

トイレ

決まった場所でしないのは自然なこと

犬にトイレを覚えてもらうために重要なのが、「しからない」ということ。しかると、隠れてするようになるなどのリスクがあるからです。そもそも犬には決まった場所で排泄する習慣はありません。トイレトレーニングを完ぺきにマスターするまでは、トイレ以外の場所で排泄してしまったとしても仕方のないこと。犬に悪気はないと思ってトレーニングをやり直しましょう。マーキングや食フンも飼い主にとってはやっかいな問題ですが、これも犬の本能からきている行動。決してしからず、根気よく対処することが解決の近道です。

犬が排泄をがまんできる時間

成犬になるとある程度排泄をコントロールできますが、生後6か月くらいまでは、せいぜい「月齢＋1時間」程度しかがまんできません。排泄時間の見当をつけて、トイレトレーニングしましょう。

排泄のタイミング

- 寝て起きたとき
- 水を飲んだあと
- 食事のあと
- 遊びのあと
- 興奮したとき
- ハウスから出てはしゃいだあと

トイレINDEX

トイレ

見ていないときに失敗してしまう

トイレを覚えていないうちの失敗は、犬ではなく飼い主の責任。見ていられないときは、サークルへ。

失敗があるうちは、まだトイレを完ぺきに覚えていないということ。トイレを覚えるまでは飼い主がつねに犬の排泄を管理する必要があります。ですからトイレトレーニング中の粗相は、飼い主の失敗だと考えて。

基本的にトイレトレーニング中は、犬から目を離すときにはトイレシーツを全面に敷きつめたサークルに入れ、失敗できない環境に。そして、犬を見ていられるときにトイレトレーニング（▼57ページ）を行いましょう。また、失敗してもしからないこと。しかっても犬には意味がわからないので、無言ですみやかに片づけ、犬が見ていないときににおいを消しましょう。

対処のポイント

床全面にトイレシーツを敷きつめたサークルに

目を離すときは犬をサークルに入れておくのが基本ですが、そのサークルもトイレトレーニングに適したものに変えましょう。まず、サークルの面積はできるだけ大きくし、床全面にトイレシーツを敷きつめます。隅にクレートを置き、そこをハウスに。ハウスから出たら全面がシーツなので、どこで排泄しても成功となります。

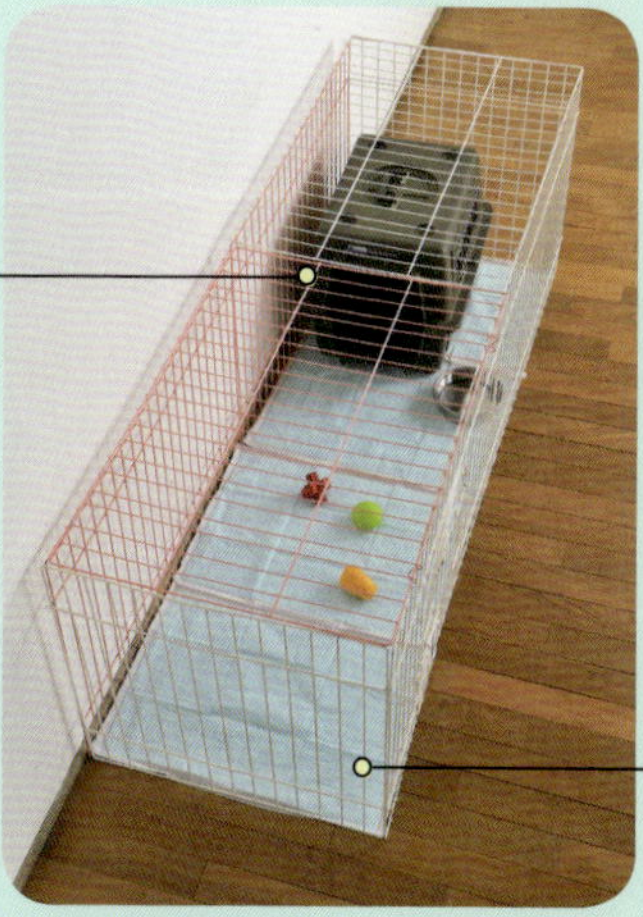

クレートを置く

クレートの中に毛布などを入れて寝られるようにします。この中で食事もさせ、「クレートは寝床兼、食事場所」と覚えさせます。

クレートから離れて排泄

犬には寝床や食事場所を汚さないようにする習性があるため、クレートから離れて排泄するようになります。毎回、同じような場所で排泄することで、そこを次第にトイレとして認識。そうしたら、排泄しない部分のトイレシーツを外し、基本の「庭つき一戸建て（▶55ページ）」へとステップアップします。

トイレ

コレで解消!

トイレからはみ出してしまう

犬はちゃんとトイレでしているつもりです。お尻がはみ出ないようトイレ環境を整えましょう。

トイレからお尻がはみ出してしまっていても、犬としては、決められた場所できちんと排泄しているつもり。トイレの場所は理解しているのですから、はみ出さないようにトイレ環境を整えてあげましょう。

まず、今使っているトイレが犬の大きさに合っているかチェックしましょう。犬は排泄前にくるくる回る習性があるので、トイレにはある程度の大きさが必要です。小型犬でもトイレシーツは、ワイドサイズ（約60㎝×約45㎝）を選びましょう。また多少はみ出してもいいように、あらかじめトイレの下に防水シートなどを敷いておくのもよいでしょう。

対処のポイント

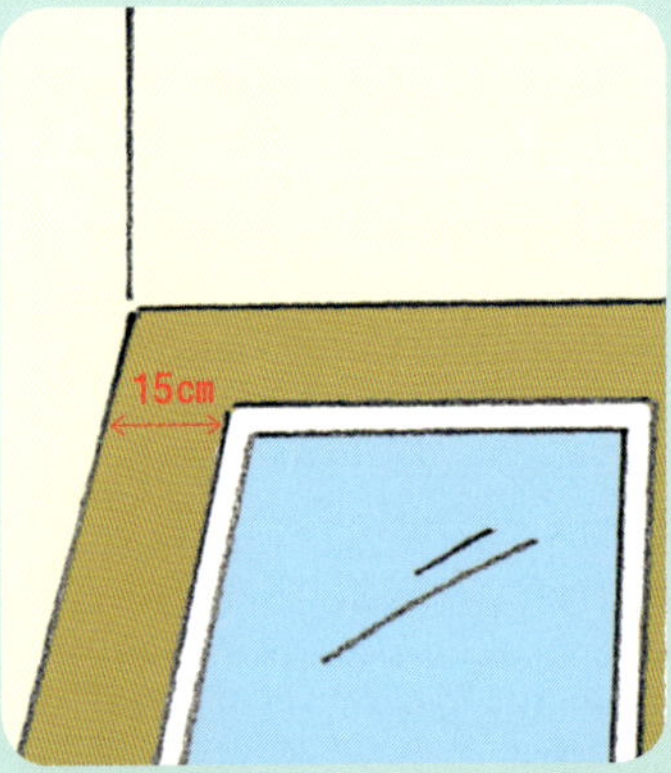

トイレを壁から少し離してみても

トイレを壁にぴったりつけてしまうと、排泄するとき顔に壁が迫りすぎるため、よけようとしてお尻がトイレシーツからはみ出してしまうことがあります。トイレは、壁から少なくとも15cmくらいは離して置きましょう。

小型犬でもシーツはワイドサイズを

小型犬の場合、レギュラーサイズのトイレ（約45cm×約30cm）を使用することが多いようですが、ワイドサイズに変えるだけで、はみ出しが改善される場合もあります。

トイレ

家族が帰ると おもらし してしまう

犬はうれしくて興奮してしまいます。帰宅時はクールに対応するよう心がけましょう。

大好きな飼い主が帰ってくると、犬はうれしくて興奮してしまうもの。興奮すると、子犬のうちはとくに排泄をコントロールする筋肉などが発達していないため、おもらしをしてしまうことがあります。いわゆる、「ウレション」です。

ウレションしてしまうまでの興奮は、飼い主の対応が引き金になっていることが多いもの。「ただいま〜！いいコにしてたぁ？」などと大げさなあいさつをすると、犬の興奮をあおるのでやめましょう。また、犬がウレションしても騒がず冷静に対応することも大事。「オシッコしたらウケがよかった」と勘違いさせないようにするためです。

トレーニング！

[帰宅時のあいさつを変えよう！]

1

帰宅時に犬が興奮していたら無視

犬が興奮していたら無視。無視をすることで犬の興奮を抑えます。それでもウレションしてしまったら反応しないこと。

2

静かになったら犬と向き合う

犬が落ち着いたら声をかけます。「興奮しているときではなく、落ち着いているときにかまってもらえる」と教えます。

トイレ

玄関マットの上でしてしまう

トイレと勘違いしやすいマット類は、トイレを完ぺきに覚えるまで使わないようにしましょう。

犬からしてみれば「ここトイレだよね？」ということ。床が、フローリングからマットに変わる感覚が、フローリングからトイレシーツに変わるのと似ているからです。勘違いをしている段階では、玄関マットを片づけておきましょう。これは玄関マットだけでなく、キッチンマットもバスマットも同じこと。リビングのラグマットもフローリングからラグに素材が変わることで、勘違いをまねきます。敷くなら部屋全体に敷きつめられるカーペットに。ただし、毛足の長いものやループ状のカーペットは、爪がひっかかったり、かんで遊んだりするので、毛足の短いものを選びましょう。

トイレ

家のなかでしかトイレできない

いつかするようになるので気長に待って。ただし、散歩後の粗相《そそう》に気をつけましょう。

散歩にまだ慣れていない子犬のうちは、外の世界に興味津々で「オシッコなんてしている場合じゃないよ！」という気持ちです。成犬になってもしない場合は、よっぽどのこわがりなのでしょう。「外でしているうちに襲われるかもしれない」という不安が強いのです。でも散歩の場数を踏めば、いつか不意にするようになるので、気長に待ちましょう。

ただし、外にいる時間が長いと、排泄をがまんしていることが多いもの。散歩から帰ったとたんに粗相してしまう可能性が高いので、帰宅後はいったんサークルへ。排泄するまでは出さないようにしましょう。

トイレ

外でしかトイレできない

コレで解消！

何年も外でしかしてこなかったコは、外でしている雰囲気のトイレを作って練習しましょう。

家で排泄しなくなって日が浅いなら、「庭つき一戸建て」（▼55ページ）で再トレーニングを。何年もたっている場合は、いきなり家の中のトイレでさせようとしてもがまんしてしまうコが多いので、外でしている雰囲気のトイレを作って練習しましょう。

まず、ベランダや庭、ガレージなど自宅の敷地内にトイレシーツを敷いたトイレを作ります。犬が排泄したくなる時間帯にトイレに連れて行き、排泄できたら、ほめて散歩に連れていきます。続けるうちに、「トイレシーツの感触＝排泄」と覚えて行くので、そうなったら室内の「庭つき一戸建て」でトレーニングを。

対処のポイント

屋外にトイレを作り外でしている雰囲気を演出

小さなベランダであれば、そこにトイレシーツを敷き詰めます。大きなベランダや庭、ガレージなどの場合は、サークルで囲い、そのなかにトイレシーツを敷き詰めます。

！ベランダは、転落するおそれがない場合のみ、利用してください。

ワンツー合図

排泄中、「ワンツー」と声をかけてトイレの合図にしていくと、将来は合図だけでもよおすようになるコも。

トイレシーツのポールを置く方法も

水を入れたペットボトルに、トイレシーツを表向きに巻き、トイレの中央に置きます。電柱の感覚で、そこに向けて排泄するコも。

草や土を置いてみても

より外っぽい雰囲気を演出できます。

ほかの犬のオシッコつき

シーツにほかの犬のオシッコがついていると、マーキングの感覚で排泄できるコもいます。

トイレ

部屋のあちこちにオシッコをかける

マーキングは犬の本能なのでふせぐのは困難。去勢手術をするとおさまることが多いようです。

オス犬は、なわばりを誇示するためにマーキングをします。生後6～7か月以降で、あちこちに頻繁にオシッコをする、足を上げてオシッコを引っかけるなら、マーキングです。これは、犬にとって本能的な行動。防ぐのは困難ですが、早めに去勢手術をすることで、おさまることが多いようです。去勢手術をしない場合、また、ごくまれですがメスでもマーキングする場合は、粗相されて困る部屋へは入れないのがいちばん。そして、オシッコしそうな時間帯にトイレへ連れていき、排泄できたらほめ、マーキングを発見しても大騒ぎせず無言で片づけることを徹底しましょう。

対処のポイント

徹底的に消臭を

においが残っていると刺激されて、再度そこにマーキングする可能性大。犬がその場所に執着しないよう、犬に見られないようにして消臭しましょう。

見ていられないときは庭つき一戸建てへ

犬の行動を見ていられないときは、庭つき一戸建て（▶55ページ）へ。これ以上、トイレ以外で排泄する経験を増やさないようにします。

オス犬は去勢手術を考えても

オスの場合、1歳になる前に去勢手術をすると、マーキングがおさまることが多いようです。成犬になってからでも遅くはありません。獣医師に相談して、手術を検討してみるのも一案です。

トイレでしたときにいままで以上にほめて強化

トイレで十分に排泄させれば、マーキングの被害を少なくすることにつながります。トイレでできたら、今まで以上にほめ、「トイレでするといいことが起こる」と思わせましょう。

トイレ

ウンチを食べてしまう

コレで解消！

まめに片づけることが第一。暇つぶしや気を引くことが原因の場合もあるので散歩や遊びを増やすのも手。

食フンは、成長とともにしなくなることが多いようですが、なかには栄養（ミネラル）不足だったり寄生虫がいたりと、体に問題があることもあります。まずは獣医師に相談してみましょう。

また、排泄物がいつまでもあると食フンにつながるので、まめに片づけることが大切。ウンチをしたら、おやつと引きかえにすみやかにウンチを処理しましょう。ウンチに残るフードのにおいにつられて食べている場合もあるのでフードを変えるのも一案です。暇つぶしや家族の気を引くために食フンすることもあるので、散歩や遊びの時間を増やしましょう。

注意！

食べているのを見つけても騒がないで

ウンチをあわてて片づけようとすると、犬も取られないようにあわてて食べてしまうことが。また、食フンしているときに飼い主がしかったり騒いだりすると、ウケがよかったと勘違いし、悪化してしまうことも。

対処のポイント

おやつと引きかえにウンチを処理

排泄したらおやつをあげ、その間にウンチを片づけるのをくり返します。ウンチをするとおやつが食べられると思い、食フンをせずにおやつをもらいにくるように。そうなったら、おやつは毎回でなくたまにあげるようにします。

BOW WOW

よくある困った！

吠える

吠える原因は大きくは「要求」か「警戒」

犬はさまざまな場面で吠えますが、その原因は「要求」か「警戒」からくるものがほとんどです。原因によって対処の方法が異なるので、何に対して吠えているのか原因を見極めることが大切。

飼い主や家族に向かって吠えるのは、まず「要求」です。愛犬が自分に対して吠えているのなら、「ごはんをちょうだい」「遊んで」など、何か要求されているはず。そうでなければ、ほとんどの場合、「警戒」から吠えています。なわばりへの侵入者、掃除機やドライヤーなど苦手なもの、見知らぬ人や動物などを追い払うために吠えます。

比較的吠えやすい犬種

獣猟犬のダックスフンドやビーグル、牧羊犬のシェットランド・シープドッグなどが比較的吠えやすいといわれます。

吠える原因と対処法

要求 ▶ **無視して落ち着いたら願いを叶える**

要求には決して応じず徹底的に無視。落ち着いたら願いを叶え、吠えても願いは叶わないということを教えます。

警戒 ▶ **原因そのものをなくす**
原因をいいことが起こる合図にする

原因をなくすことが第一。それが無理なら、その原因をいいことが起こる合図にするなどして慣らしていきます。

吠えるINDEX

Bow Wow 吠える

夜鳴きがなおらない

夜鳴きも要求吠えの一種。完全に無視をして無駄だと学習させれば、必ずなおります。

夜鳴きは「ケージから出して」「かまって」という要求からきています。どんなに鳴いても無視をして、鳴くという方法では願いは叶わないと学習させれば、必ずなおります。ただし、途中で根負けして相手をしてしまうと逆効果。「鳴き続ければ、かまってもらえる」と、夜鳴きが悪化してしまいます。しかることも、途中で様子を見に行くこともせず、完全に無視をすることが大切。近隣の方に事情を説明して了解を得ておくとよいでしょう。無視が難しい場合、ハウストレーニング（▼116ページ）をマスターして、夜はクレートに入れて寝室で一緒に寝てもよいでしょう。

対処のポイント

中途半端はNG あきらめるまで無視する

鳴きやむまで完全無視。様子を見に行く、声をかける、しかるといった行為は「鳴けばかまってもらえる」と、かえって悪化させることに。無視するなら、やりとおすのがルールです。

寝室にクレートを置き一緒に寝る

ハウストレーニングをマスターしたら、クレートに入れて家族と同じ部屋で寝てもOK。鳴き始めてからクレートを寝室に持ってくると要求がとおったと勘違いするので、はじめから寝室で寝させるようにしましょう。

BOW WOW

吠える

散歩や遊びなど要求吠えをする

完ぺきに無視をつらぬけば必ず改善するのが要求吠えです。決して根負けしないで!

要求吠えをやめさせる方法はただひとつ、完全に無視をすること。完ぺきに無視できれば、必ず犬はあきらめます。避けたいのは、根負けしてしまうこと。「しつこく吠えれば、願いは叶う」と、吠え方をエスカレートさせてしまうからです。

吠えやんだら願いを叶えますが、このとき完全にあきらめたかどうかを見極めて。吠えるのをひとやすみしたときに願いを叶えると、根負けしたのと同じ状況をまねきます。たいていの場合、あきらめたときは「ふて寝」のような体勢をとります。こうなったらほめてみて、なお興奮しなかったら、何か指示を出してから願いを叶えましょう。

対処のポイント

吠えている間は徹底的に無視を

遊んでほしいと吠えている間は、目を合わせたりしかったりもせず、完全無視。吠える方法では願いは叶わないことを学習させます。

静かになったらほめる

吠えやみ、落ち着いていられたらほめます。さらに落ち着いていたら、「オスワリ」などの指示を出し、できたらほめて願いを叶えます。

トレーニング！

［ 完全にあきらめるまで無視しよう ］

吠えたら無視

たとえば「サークルから出して」と、要求吠えをしたら、無視する。

落ち着いたらほめる

吠えやんだら、興奮させないよう落ち着いた声でほめる。

再び興奮したら再度無視

少しでも落ち着かなくなったらあきらめていない証拠。再び無視。

完全に落ち着いたらほめる

すっかり落ち着いて「ふて寝」のような体勢になったら、声をかけて。

ほめても落ち着いているか確認

完全に落ち着いていることを確認。また興奮してしまったら、3に戻る。

指示に従わせてから願いを叶える

「オスワリ」などの指示を出し、従わせます。このステップを踏むことで、悪いことをやめたときではなく、いいことをしたときに願いは叶うと教えます。

BOW WOW

吠える

コレで解消！

窓の外に向かって吠える

人通りやほかの犬など、犬の気になるものが見えないように環境を整えましょう。

家の前を行きかう人や車を警戒し、追い払おうとして吠えているのでしょう。そして、人が通りすぎていくのを見て、「吠えて追い払ってやったぞ」と思うのです。やめさせるにはまず、外が見えないよう環境を整えましょう。カーテンを閉めるのが簡単ですが、閉め切っておけない場合には、ベランダや庭に目隠しのガーデンフェンスを設置してみるのもいいでしょう。

登下校中の子どもや宅配便の車など、吠える対象が明確で、しかも現れる時間帯がわかっている場合は、その間に散歩に行くのも手。別の部屋で食事やコングを与えるなどして、夢中にさせておくのも手です。

対処のポイント

吠える時間帯は別の場所へ

吠える対象が現れる時間帯がわかっていれば、散歩に出かけたり、別の部屋で食事をしたり、夢中になれることをしてもよいでしょう。

外が気にならないよう室内を工夫

カーテンを閉め、外を見せないように。閉め切っておけない場合は、ベランダや庭に目隠しになるガーデンフェンスを取りつけるという手も。

BOW WOW 吠える

玄関チャイムが鳴ると吠える

チャイムに慣らす練習を根気よく。犬の興奮をあおらないよう来客の対応を落ち着いてすることも大切。

子犬のうちに、チャイムが鳴っても反応しないようにしつけをしておかないと（▶72ページ）、将来的に多くの犬が吠えるようになってしまいます。まずは、来客の対応を静かに落ち着いてするよう心がけましょう。「は〜い」などと大声を出し、玄関まで急ぐと、犬の興奮をよりあおってしまうからです。そして、チャイムが鳴って吠えだしたら別の部屋に隔離してなるべく刺激を減らし、吠えさせっぱなしにしないなどの対応を。並行して、チャイム音に慣らす練習を根気よく行いましょう。このとき、チャイム音の種類をまったく別のものに変えると効果が上がります。

トレーニング！

［ チャイム音に慣らそう ］

音に慣らす練習

玄関先で犬に長もちするおやつをかじらせ、食べている間に家族がチャイムを押します。おやつを夢中で食べている間にチャイムを鳴らすことと、家族がチャイムを鳴らしているのを見せることで、音への恐怖心をなくします。

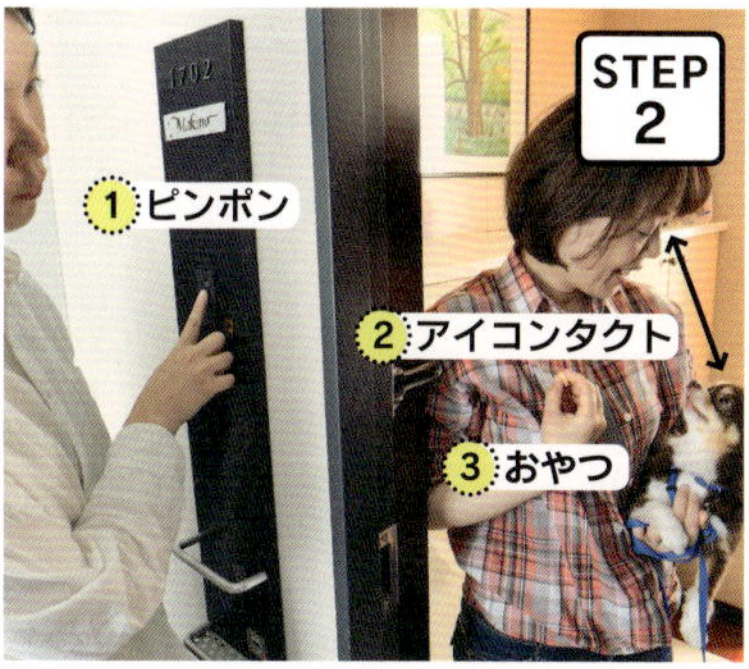

音が鳴ったら飼い主を見る練習

STEP1に慣れたら、玄関先で家族がチャイムを鳴らし、アイコンタクト（▶88ページ）をさせます。できたらほめておやつをあげます。この練習をくり返すことで、「チャイムが鳴ったら飼い主を見ると、おやつがもらえる」と覚えさせます。

BowWow 吠える

コレで解消！

家族が外出するとき後追い吠えする

どんなに吠えても無視して外出して。コングなどを与えて夢中になっているすきに外出するのも一案。

どんなに吠えようとも完ぺきに無視して出かけましょう。吠えている間は、たとえ忘れ物をしても家に戻ってはいけません。「吠えたら戻ってくる」と思わせ、かえって後追い吠えを悪化させてしまうからです。

外出前には散歩や遊びなどで疲れさせておくとよいでしょう。吠える体力もないほど疲れさせておけば、留守番中はぐっすり眠ってしまうはず。また、コングなどを与えて夢中にさせておき、そっと外出するのも手です。「気づいたときにはいなかった」となり、吠える必要がなくなるからです。それでも留守中に吠え続けているようであれば、専門家に相談しましょう。

BowWow 吠える

コレで解消！

外から耳慣れない音がすると吠える

警戒心から吠えているのでまずは音を遮断して、少しずつ音に慣らす練習を。

「何の音？」という警戒心が原因です。子犬のうちは、通行人の声、救急車のサイレンなど、すべてがなじみのない音。なじみのない音に対し、将来吠えるクセをつけないよう、窓を閉めて外の音を遮断して。外の音がもれ聞こえても吠えないときはほめます。

外の音が気にならないよう、BGMを流しておくのも手です。おすすめは、抑揚のないオールゴールの音。ラジオの実況中継や、ヒーリング音楽によくある鳥のさえずり音などは、犬が興奮するので要注意です。これらの対応をしながら、徐々に音に慣らしていく練習を積ませましょう（▼70ページ）。

BOW WOW 吠える

掃除機をかけると吠える

掃除機をかけるときはあらかじめ別の部屋へ。掃除機に徐々に慣らす練習もしていきましょう。

掃除機は、犬を別の部屋に移動させながらかけていくとよいでしょう。リビングを掃除したいなら、寝室に連れて行き、寝室を掃除したいならリビングに連れて行きます。このとき、犬をクレートに入れて移動できると楽なので、ハウストレーニング（▼116ページ）をマスターしておくとよいでしょう。犬をクレートに入れたら、長もちするおやつを与えます。

また、家族がいる場合には犬を散歩に連れ出し、その間に掃除してしまうのも一案です。そのうえでどうしても掃除機に慣らしたいなら、慣らす練習を根気よくしていきましょう（▼72ページ）。

BOW WOW 吠える

雷が鳴るとパニックのように吠える

できるだけ音を遮断して。飼い主自身が怖がったり騒いだりしないことも重要。

雷が鳴ると恐怖心から吠える犬は多いようです。そういう犬には、天気予報をまめにチェックして、雷のときはだれかがいっしょにいてあげるようにしましょう。また、雷の音や光をできるだけ遮断すること、ハウスなど犬が安心して逃げこめる場所をふだんから作っておくことも大切です。

いちばん重要なのは、飼い主が冷静でいること。飼い主がこわがると、犬の恐怖心を倍増させます。家族に雷が苦手な人がいたら、その人は別部屋で待機して。犬のそばにいる人は、雷が鳴ったらにこにこ楽しそうにして「雷が鳴ってもこわいことはない」と、思わせていきましょう。

Bow Wow

吠える

散歩中人が近づくと吠える

散歩中人を見つけたら、吠えない位置までできるだけ離れて。人に慣らす練習もしていきましょう。

見ず知らずの人はこわい、という臆病な犬に多い行動です。過去に吠えてみたら相手が通りすぎた（＝退散した）ので、吠えれば追い払えると学習してしまったようです。

これ以上、吠えて追い払う経験を積ませないために、散歩中は飼い主が周囲に十分気をつけて歩き、人を見つけたらできるだけ離れてすれ違うようにしましょう。それでも吠える場合には、吠えやむ位置までとにかく離れます。おとなしくすれ違うことができた場合には、ほめてごほうびをあげましょう。また、知人などに協力してもらい、人に慣らす練習も、同時に行っていきましょう。

対処のポイント

故意に近づいてくる相手にはお断りしても

犬に触ろうとして相手が故意に近づいてくるときもあります。そんなときは、「こわがりなのでごめんなさい」とお断りしましょう。

散歩中は周囲に十分注意をして歩く

散歩中はまわりをよく見ながら歩き、人とすれ違うときは、できるだけ遠くを歩いて。静かにすれ違うことができたら、おやつをあげましょう。

トレーニング！

［ 知人に協力してもらって慣らそう ］

知らない人が近づくことに慣らす練習

犬に長もちするおやつをあげ、食べている間に、相手の人に少しずつ近づいてもらいます。このとき、正面からではなく、横からまわりこむようにして近づいてもらいましょう。犬が平気でおやつを食べているようなら、そっと体を触ってもらってもよいでしょう。

知らない人にいい印象をもたせる練習

知らない人がそばにいることをいやがっていないなら、直接ごほうびをあげてもらっても。おやつを握りこんだ手を犬の顔の前に出し、犬がにおいをかいだら、その手を開き、おやつをあげてもらいます。くり返し練習することで、知らない人に対する印象がよくなっていきます。

注意！

触りかたにも注意をしてもらって

ほかの人に触ってもらう際には、小型犬ならしゃがんで下から、大型犬は横から手を出してもらうようにお願いしましょう。手は開いているとこわがるので、グーにして鼻の近くに近づけ、犬がにおいをかいだら、胸のあたりをなでるようにします。

[犬がこわがる触りかた]

- **上から触る**
- **正面から近づく**
- **目を見る**
- **いきなり触る**

BOW WOW

吠える

ほかの犬が近づくと吠える

コレで解消！

ほかの犬をこわがっている場合も、遊びたい場合も、まずは近づけないにしましょう。

ほかの犬をこわがる犬がいますが、こういう犬の場合、無理にほかの犬と仲よくさせる必要はありません。むしろ、飼い主といるほうが楽しいと考える犬にしたいものです。飼い主よりほかの犬と遊ぶことを好むようになると、ほかの犬を見たとき飼い主を無視して遊びに誘ったり、興奮して突進したりする可能性もあるからです。

　散歩中は、飼い主が犬にいち早く気づき、吠える前に方向転換をしましょう。こわがって吠えているのではなく、遊びたくて吠えている場合は、吠えている間は近づかせず、落ち着いたら遊べることを学ばせていきましょう。

対処のポイント

遊びたい場合

吠えている間は遊ばせない
落ち着かせる練習を

ほかの犬を見つけたらすみやかに離れ、「オスワリ」→「アイコンタクト」の指示を出して、犬をクールダウンさせる練習をしましょう（▶158ページ）。吠えているときではなく、落ち着いているときに遊べることを教えます。

こわがっている場合

犬を発見したら方向転換
遠くから慣らす練習を

犬がこわい場合、無理して会わせる必要はありません。ほかの犬がいても平常心でいられることを目標に徐々に慣らす練習（▶157ページ）をしましょう。最初は、ほかの犬がかすかに見えるくらいまで離れて練習して。

トレーニング！

[犬がこわい場合は遠くから慣らす練習をしよう]

相手の犬が見えても吠えない位置は、犬によって違います。吠えない位置を見極めて練習しましょう。刺激が強すぎてアイコンタクト（▶88ページ）ができなければ、長もちするおやつを与えて、相手が通りすぎるまで待つ練習をしましょう。

犬を発見したらすみやかに遠くへ離れる

ほかの犬が見えたら、方向転換して、こわがらない位置まで離れる。

「オスワリ」のあと「アイコンタクト」

「オスワリ」（▶92ページ）→「アイコンタクト」をさせて飼い主に集中させます。犬に会ったら飼い主を見る、と教えます。

集中できたらほめてごほうび

「アイコンタクト」で集中していられたら、ほめてごほうびをあげます。

完ぺきに集中するまで「アイコンタクト」

再度、「アイコンタクト」をします。完ぺきに集中できたら、「OK」で解除して相手の犬とは逆方向へ行きます。

トレーニング!

[犬と遊びたい場合は落ち着かせる練習をしよう]

犬が遊びたがるのは、顔見知りの犬がほとんど。あらかじめ相手の飼い主さんに「今度会ったら練習につき合ってください」とお願いしておくとスムーズです。相手の犬が見えても愛犬が吠えない位置を見極め、その位置で練習をしましょう。

犬を発見したら相手の人に待ってもらう

犬が遠くに見えたら、相手の人に近づかないよう、待ってもらいます。

「オスワリ」のあと「アイコンタクト」

「アイコンタクト」をさせて飼い主に集中。犬に出会ったら飼い主を見ると教えます。

集中できたらほめてごほうび

「アイコンタクト」で集中していられたら、ほめてごほうびをあげます。

完ぺきに集中するまで「アイコンタクト」

再度、「アイコンタクト」をさせます。完ぺきに集中するまでくり返します。

「OK」で解除してあいさつさせる

「OK」で解除して、相手の犬と遊ばせてあげます。

コレも重要!

遊びの最中にオイデで呼び戻す練習

ほかの犬と遊んでいるうちに興奮しすぎてしまう前に、「オイデ(▶108ページ)」で引き離します。きたらほめて、「アイコンタクト」をさせます。できたら、「OK」で解除して、また遊ばせます。これをくり返し、最後は、ほかの犬との遊びに未練をもたせないために長もちするおやつを与えて、食べている間に相手と別れましょう。「遊んでいても呼ばれたら飼い主のもとへ戻る」ことを犬に教えます。

BOW WOW

吠える

車に乗せると目的地に着くまで吠える

コレで解消!

うれしくて興奮している場合は、到着しても吠えやむまで車から出られないことを徹底して。

車に乗せるとき、外の風景や人、犬などに向かって吠えてしまう犬は少なくありません。ハウスに入れて布をかけ、外が見えないようにすると、外の刺激に対して吠えるのはふせげます。

ただ、おでかけすることがうれしくて興奮し、吠えてしまう犬もいます。その場合は、目的地に着いても吠えやむまで車から降ろさないことが重要です。どんなに吠えていても無視して、完全に吠えやむのを待ちます。中途半端な無視や、さんざん吠えさせておいてから根負けして降ろすと悪化するので、必ず吠えやむまで待ちます。これをくり返すうちに、吠えなければ外に出られると学習します。

トレーニング!

[吠えていると外に出られないことを教えよう]

目的地に着いたら車のエンジンを切り静かになるまで待つ

到着したらエンジンを切って、目的地に着いたことをわからせます。犬が静かになるまで待ちましょう。

静かになったらほめ言葉をかけ車の外に出る

完全に落ち着いたら車の外に出ることをくり返すと、吠えなければ降りられる、と学習します。

GRRRRR…

よくある困った！

うなる・かむ

子犬のじゃれがみも絶対にやめさせたい

子犬がじゃれて浅くかむのは、遊びの一環です。人間の手も、犬の目の前でひらひらと動けば、本能的に捕らえたくなりかんでしまいます。じゃれがみでもケガをする場合もあるので、人をかむ行動は子犬のうちから絶対にやめさせましょう。犬の体に触ろうとするとかんだり、犬に近づいただけでうなったりかんだりする場合は、明らかに攻撃です。攻撃に関しては、その原因や程度、飼い主との関係性、犬の性格などに合わせた個別の対処法が必要です。ほめるしつけのドッグトレーナーなど専門家の指導を受けることをおすすめします。

かみ方の種類と対処法

［攻撃］

特徴 成犬に見られ、いろいろなものごとに慣れていない犬に多い

原因
- 嫌いなことをやめさせようとしてかむ
- こわいものを追い払おうとしてかむ

対処法 何をいやがったりこわがったりしているかを知り、これ以上かむ経験をさせないようにします。専門家に相談してトレーニングを開始しましょう。

［じゃれがみ］

特徴 子犬に多く、きばを立てて強くかむことはない

原因
- 動くものに反応してしまう
- 遊びや運動が不足してエネルギーがありあまっている

対処法 遊びや運動でエネルギーを十分に発散。ハウスリードコントロール（▶48ページ）でじゃれがみできないようにしましょう。

うなる・かむINDEX

GRRRRR…

うなる・かむ

足にじゃれてかんでくる

コレで解消!

庭つき一戸建てシステムとハウスリードコントロールでかませない環境を作って。

犬には、動くものに興味をそそられる習性があります。とくに子犬のうちは、飼い主が家のなかを忙しく動きまわっているときなど、あちこち動く足を見て遊びたくなり、思わず足やズボンにじゃれてかんでしまうものです。

犬をかまってあげることができないときには、庭つき一戸建て（▼45ページ）のサークルに入れておきましょう。見てあげられるときには、ハウスリードコントロール（▼48ページ）ができるように準備をして、サークルから出してあげましょう。じゃれがみできない状況を作り、これ以上じゃれがみの経験をさせないことが重要です。

注意!

逃げると犬にとっては楽しい遊びに

逃げればさらに追いかけたくなって、犬の楽しさは倍増。逃げずに動きを止めるのが悪化させない手段ですが、痛いし危険です。庭つき一戸建てとハウスリードで対応しきれないときは、かまれても痛くない室内履きを履きましょう。

対処のポイント

庭つき一戸建てから出すこときはハウスリード

サークルから出すときは、つねにハウスリードをつけて。じゃれてきたら、そのリードを持って足から引き離し、その状態でしばらく無視。犬が落ち着いたら、リードを戻してほめます。

GRRRR…

うなる・かむ

遊んでいるうちに手をかんでくる

コレで解消！

手では決して遊ばないこと。引っぱりっこで遊び、かんできたら無視して遊びも中止しましょう。

犬は、動くものを追う習性をもっています。犬の目の前で手をひらひらさせないこと、手で遊ばないでおもちゃで遊ぶこと、を徹底しましょう。

人間と遊ぶときは、口からはみ出る大きさのロープ状のおもちゃで、引っぱりっこ（▼79ページ）をします。かまなくなるまでは、リードをつけて握ったまま遊ぶのが基本。途中で手をかみそうになったら、すぐにおもちゃを取り上げて遊びを中止し、無視します。じょうずに遊べるなら、しばらく引っぱりっこを続けたあと、動きを止めて口から出させます。この瞬間に「チョウダイ」などの号令をかけましょう。

対処のポイント

手の甲に苦い味をつけておく

かみつきを防止する苦い味のスプレーをかけておくと、まずくてかみたくなくなる犬もいます。手のひらは、なでたりごほうびをあげたりするときに使うので、手の甲にかけて。また、トレーニングのときには使わないでください。

引っぱりっこ遊びを教えて手で遊ばない

一度「オスワリ」をさせてから「OK」の指示で、引っぱりっこを始めましょう。遊びのなかで、かんでもいいものは、人間の手ではなくおもちゃだと教えましょう。

GRRRR…

うなる・かむ

寝ているとき触ろうとするとうなる

これ以上、犬にうなる経験をさせないで。早めに専門家の指示をあおぎましょう。

気持ちよく寝ているところを人間が触ってじゃましたので、それをやめさせようとして、うなって脅したら、やめてくれた…。こういう経験を一度でもすると、「うなれば、いやな行動をやめさせることができる」と学習してしまいます。そうすると、犬がわがままをとおそうとする行動はどんどんエスカレート。うなって警告しても相手がやめないときはかむようになるかもしれません。早めに専門家の指導をあおぎましょう。改善するまでは、寝ている犬には触らないようにしましょう。ここまで深刻になる前にぜひ、スキンシップの練習(▼60ページ)をしておきたいものです。

コレも重要!

遠くでトントンと音を立てて起こしてから触る

これ以上うなって、犬が勝つパターンを経験させないために、寝ている犬にいきなり触るのは避けましょう。

寝るときはハウスで寝かせて

飼い主と一緒に寝るのはやめましょう。眠っているときに不意に触ってしまうかもしれません。

よくある困った！

散歩

飼い主が散歩に集中することも大事

散歩中にもし、犬の困った行動が見られるなら、まずは飼い主の歩き方を見直してみましょう。上の空で歩いていたり、電話やメールなど「ながら歩き」をしていたりすると、犬が何に気をとられているかに気づけないからです。散歩中突然突進したり、拾い食いしたり、乗りものを追いかけたりするのをふせぐのも、飼い主がいち早く気づくことが改善の第一歩なのです。

また散歩は、犬の社会性をはぐくんだり、飼い主とのきずなを深めたりする絶好の機会。1日に2回と決めず、ちょっとした外出でも連れ出してあげるようにしましょう。

歩く時間の目安

散歩時間の目安は、犬種、年齢、体調などにより異なるので、散歩から帰ってからの疲れ具合で判断を。散歩後にうたた寝するぐらいがちょうどよい運動量。家に帰っても元気にはしゃいでいるなら運動量は少なすぎです。

大型犬
60分×2回

中型犬
30~40分×2回

小型犬
30分×2回

散歩の心得

● 散歩＝運動にしない

運動量が必要な若い犬や、中～大型犬は、散歩とは別に運動の時間も設けて。

● 散歩の時間は一定にしない

毎日同じ時間に散歩に出かけていると、その時間帯を覚えて要求するようになってしまうことも。

散歩INDEX

散歩

散歩に行こうとするといやがる

コレで解消!

見通しがきいて、いきなり刺激に出合わない場所から、徐々に散歩に慣らしていきましょう。

住宅街は、角からいきなり車やバイクが現れて、止まったかと思うといきなりまた走り出したり…。意外にも犬にとって刺激だらけです。臆病で散歩をこわがるコは、いきなり住宅街で散歩させるのではなく、だだっ広い公園や河川敷など、見通しのきく場所からはじめましょう。障害物があまりなく、遠くまで見渡せれば、刺激になるものが遠くから現れても、飼い主が気づきやすいからです。

「歩いていてもこわくないんだ」という体験をし、「外は楽しい」と思えるようになってきたら、徐々に刺激のある場所も散歩コースに取り入れて経験を積んでいきましょう。

対処のポイント

見晴らしのいい場所で散歩に慣らす

死角のないだだっ広い場所なら、何かが突然現れるなどの可能性が少なく、犬も安心して散歩ができます。現地まではキャリーバッグなどに入れて行くとよいでしょう。

散歩

リードをつけようとするといやがる

長もちするおやつを与えて夢中になっている間に、手早く装着するようにしましょう。

はじめてリードをつけられたとき、重かったり、うっとうしかったりしていやがる犬がいます。いやがっているときに飼い主が外してしまうと、「いやがれば外してくれる」と覚えてしまいます。でも、ノーリードでの外出はルール違反。しかもリードは万が一のときの命綱でもあります。必ず慣らしていきましょう。

まずは、コングやガムなど長もちするおやつを与え、おやつに夢中になっている間に手早く装着。装着できたらほめましょう。少しの間、おやつを楽しませてあげたら、別に用意した食べきりのおやつと交換。「リード＝おいしいもの」とよいイメージにしていきます。

散歩

トレーニング!

[おやつを使ってリードをつけることに慣らそう]

ひざにおやつをはさんでそっと装着

犬に持っていかれないよう、ひざの間に長もちするおやつをはさみ、食べさせます。食べている間に、首輪の金具を上に持ち上げて、リードをさっと装着。

新しい食べ切りのおやつと交換

おやつを返してもらうため、別の食べ切りおやつのにおいをかがせます。口から出したら「チョウダイ」と言っておやつを下げ、食べ切りのおやつをあげます。

散歩

リードを持つと興奮する

散歩前の一連の行動パターンを変え、犬が落ち着いているときに散歩に行きましょう。

散歩が大好きな犬は、飼い主がリードを持つのを見ただけで興奮してリードをかんだり、飼い主に飛びついたりすることがあります。それは、散歩前の飼い主の一連の動作を覚え、「リードを持つ＝お散歩に行ける！」と学習しているからです。興奮したまま散歩に行ってしまうと「リードをかんだり飛びついたりすれば散歩に行ける」と覚え、行為がエスカレートしてしまいます。必ず犬が落ち着いてから出かけるようにしましょう。

また、散歩前の行動パターンを変え、「リード＝散歩」ではなく、「落ち着いていると散歩に行ける」と教えましょう。

トレーニング！

［「リードを持つ＝散歩」ではないことを教えよう］

1

リードを見せて別のことをする

リードを持ちます。犬がリードを見て興奮しても無視。リードを片手に別のことをし、犬があきらめたら、「いいコ」とほめます。

2

犬にリードをつけて別のことをする

リードを犬に装着。それでも散歩に行かず別のことをします。犬が完全にあきらめて落ち着いたところで、散歩に連れていきます。

散歩中リードをぐいぐい引っぱる

引っぱったら前に進めないことを教えましょう。散歩前にエネルギーを発散させておくことも大切。

犬が引っぱったらリードを持った手をおへその位置で固定し、動きを止めましょう（▼82ページ）。引っぱっても進めないことを教えて。また、ツケ（▼112ページ）をマスターすれば引っぱりはふせげます。

そもそもリードを引っぱるということは、エネルギーがあり余っている証拠。散歩が犬にとって唯一の運動になっていることが多いですが、人間の速度で30分くらい歩くだけでは、犬のエネルギーはとても発散しきれません。散歩の前にボールやおもちゃで遊ばせたり、一緒に走ったりしてみましょう。エネルギーの発散は、引っぱりの改善につながります。

対処のポイント

引っぱったら前に進めないと教えましょう

リードを持った手をおへその位置で固定し、犬の動きを止めます。「引っぱると進めない」、「引っぱらないと進める」と学習させましょう。

散歩の前にエネルギーをある程度発散させて

ボールやおもちゃで遊ばせたり、一緒に走ったりして、散歩の前に発散させて。力がありあまっていなければ、引っぱる行為も抑えられます。

散歩

散歩

散歩中においかぎばかりする

コレで解消！

においかぎOKのコーナーを作り、許可したときだけ、においかぎしてもよいルールにしましょう。

犬にとってにおいかぎは本能。散歩の楽しみのひとつですから、ある程度はさせてあげましょう。ただし、やらせたい放題にはせず、「においかぎコーナー」を作り、そこでのにおいかぎだけ許可します。人通りや交通量の多い道路、拾い食いしてしまうようなゴミが落ちている場所、においをかいだあとに排泄されては困るような住宅街では、においかぎNGにします。

においかぎNGの場所でにおいかぎしたら、リードを持った手をおへその位置で固定して動きを制御（▼82ページ）。NGの場所では、「ツケ」（▼112ページ）で歩けるようにしておくとスムーズです。

トレーニング！

[許可したコーナーだけでにおいかぎさせよう]

においかぎコーナー前で一度集中

においかぎコーナーが見えたら一度、「オスワリ」（▶92ページ）→「アイコンタクト」（▶88ページ）の指示を出して、こちらに集中させます。

突進しなかったらにおいかぎOK

「アイコンタクト」で落ち着いていられたら、「OK」でにおいかぎを許可します。突進してしまったら、すぐに立ち止まって進まないようにしましょう。

散歩

目を離しているすきに拾い食いする

犬より早くゴミに気づくのがいちばんの対応策。犬が拾えないよう大きくよけながら通りすぎましょう。

これ以上拾い食いの経験を積ませないようにしましょう。それには、飼い主が犬よりも早く、落ちているものに気づくこと。これなくして、拾い食いを解決することはできません。

何か落ちていたら犬が拾えないよう大きくよけながら通りすぎます。ゴミをスルーできたことに対して「いいコ」とほめ、ごほうびをあげます。何度もくり返すことで、「落ちているものを拾わずに通りすぎたほうがおやつをもらえてラッキー」と教えていきます。将来的には、「何か落ちていたら、それは拾わずに、おやつをもらおう」となり、何か落ちていたら、飼い主を見るようになります。

散歩

自転車やバイクを追いかけようとする

改善するまでは見通しのきく場所で散歩するようにし、自転車やバイクに慣らす練習をしていきましょう。

犬には、逃げるものを追う習性があります。反射的に追いかけているうちに、自転車やバイクは自分が追い払っているから走り去るのだと学習したのでしょう。改善するまでは、バイクや自転車になるべく会わないよう、公園や河川敷など見通しのきく場所で散歩をするようにしましょう。同時に、それらに慣らす練習も始めます。

まずは交通量の少ない道に面した公園や広場に行き、自転車やバイクが遠くに見えたら、おやつを使ってこちらに集中させます。これを何度もくり返し、それらが通過しても平気になったら、少しずつ通りに近づいて慣らしていきましょう。

散歩の途中で座りこむ

これまでの散歩をふり返り、座りこむ原因を考えてみましょう。原因に合った対応を。

散歩の回数が少なくて外がこわい場合、こわい思いやいやな体験をした場所に行きたくない場合、ただ歩きたくない場合などの原因があります。今までの散歩をふり返って、原因を探ってみましょう。

こわがっている場合は、公園や河川敷など飼い主が刺激を察知しやすい、だだっ広い場所で散歩に慣らしましょう（▼165ページ）。特定の場所にトラウマがあるようなら、そこに行かないようにするのがいちばん。わがままの場合、犬の歩く速度が落ちてきたら、「さあ行こう！」などと楽しそうに声をかけて誘い、歩けているときにおやつをあげましょう。

対処のポイント

わがままが原因の場合、座りこむのを未然にふせいで

歩くのがいや、というわがままが原因の場合、座りこむのをできるだけ未然にふせぎましょう。犬の歩く速度が落ちてきたら、「さあ！　行こう」などと、楽しそうに声をかけて、歩く速度を速めましょう。

注意！

歩かなくなったときにおやつを与えない

おやつは、じょうずに歩いているときに、歩いているごほうびとして歩きながら与えましょう。立ち止まったときに与えると、「立ち止まればおやつをもらえる」と覚えてしまいます。

よくある困った！

留守番

ふだんからひとりで過ごす習慣をつけて

犬に留守番をさせる機会が少なくても、犬がひとりで過ごせるようにしておくことは大切なことです。家族が突然家を空けなければならないとき、動物病院に入院するときなど、家族と離れなければならないことがあるかもしれないからです。ふだんから意識して、犬をひとりでいることに慣らしておかないと、いざというときにパニックを起こしかねません。

犬がかわいそうだからと、留守番をさせないより、家族がいるときもハウスに入って、ひとりの時間をリラックスして過ごせるようにしておきましょう。

留守番の心得

● 留守番時はサークルに

広い部屋で自由にさせておくとさびしさを助長させ、思わぬ事故につながる場合も。

● 外出するとき、帰宅時はさらりと

外出時にかわいそうと思ったり、帰宅時に大げさにふるまうと、犬にとって留守番が特別なものになります。

● 留守番前に疲れさせておいて

散歩や遊びをたっぷりしておけば、そのあと疲れて眠ってしまいます。

留守番のおとも

コングなどかんでも壊れないおもちゃ

なかに詰まったおやつを食べたくて、かんだり転がしたり試行錯誤。頭を使わせて退屈させません。

オルゴール演奏などのBGM

外の物音が気にならないようBGMを。留守番のテーマ曲にしないため、ふだんからかけておくのがポイント。静かで落ち着いたオルゴール演奏などがおすすめ。

留守番INDEX

留守番

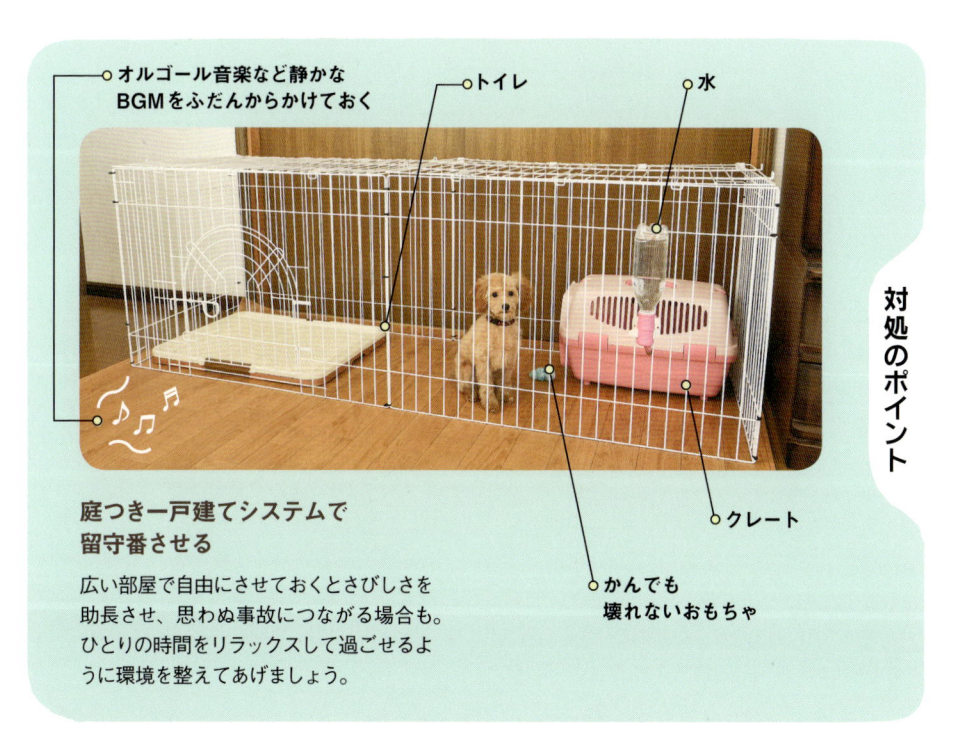

留守番中 さみしそうに鳴く

コレで解消！

広い部屋に自由にさせておかず、庭つき一戸建てシステムのようなサークルで留守番をさせましょう。

犬はもともと、小さな巣穴で生活していたため、狭くて暗い場所のほうが安らげるようです。留守番のときも、行動範囲を狭めたほうが落ち着いて過ごせます。ぜひ庭つき一戸建て（▼45ページ）のようなサークルを用意して、安心できる居場所を作りましょう。

また、犬と適度な距離感を保つことも大切。いつでも触ったりかまったりしていると、留守番のときの孤独感が増します。飼い主が家にいるときもサークルで過ごす時間を作り、自立心を育てましょう。また、飼い主が留守番を「かわいそう」と思わないこと。その気持ちは犬に伝わり、犬の不安を助長するからです。

対処のポイント

庭つき一戸建てシステムで留守番させる

広い部屋で自由にさせておくとさびしさを助長させ、思わぬ事故につながる場合も。ひとりの時間をリラックスして過ごせるように環境を整えてあげましょう。

留守番前についてまわる

コレで解消！

出かける前の行動のパターン崩しをして、出かけることを悟られないように。

カギやかばんを持つ、上着を羽織るなど、出かける前の一連の動作を、犬は飼い主がいなくなる前ぶれと覚えてしまっています。こうなってしまったら、「出かける前に習慣化している行動をとったあと、出かけない」ということを何度も行い、犬の学習したパターンを崩す必要があります。

その後も、出かける前の行動を習慣化しないようつねに心がけ、外出を悟られないようにしましょう。

また、留守番時は犬を庭つき一戸建て（▼45ページ）のようなサークルに入れるのが基本。ふだん飼い主がいるときにもサークルで過ごす時間を作り、慣らしておきましょう。

対処のポイント

お出かけのしたくの直後に出かけない

カギを持ったまま新聞を読む、お化粧したあとテレビを見るなど、出かけると思わせて出かけない行動を。犬が覚えてしまったパターンを崩します。

注意！

留守番のときだけサークルに入れるとそれも出かける前ぶれに

留守番のときだけサークルに入れると、「サークル＝留守番」と覚えてしまい、サークルに入るのをいやがったり、出してと吠えるようになってしまうことも。ふだんから、サークルに慣らしておきましょう。

留守番

留守番中トイレシーツを破く

運動不足が原因かもしれません。散歩や遊びで疲れさせてから留守番させるようにしましょう。

退屈しのぎにトイレシーツで遊んでいるのでしょう。コング（▼69ページ）など、トイレシーツで遊ぶより楽しいものを数種類、与えておきましょう。もし、飼い主がいるときにやる場合は、気を引くための行為です。その瞬間を目撃したら、かまわずにあとで片づけましょう。そもそも、いたずらするのはエネルギーがありあまっている証拠。散歩や遊びをたっぷりしたあとに留守番させれば、疲れて眠ってしまうはずです。

またこれ以上、トイレシーツで遊べないよう環境を整えることも大切。シーツがむき出しにならないメッシュタイプのトイレトレーに変えるのも一案です。

対処のポイント

コング を数種類用意して留守番を楽しくさせる

なかに詰まったおやつを取り出して遊ぶコング。すぐにおやつを出せるもの、出しにくいものなど難易度を変えて、数種類置いておくとよいでしょう。

トイレトレーをメッシュタイプに変える

トイレシーツで遊べないよう環境を整えましょう。メッシュのトイレトレーなら、シーツがむき出しにならず、いたずらしにくいのでおすすめ。

よくある困った！

食事

犬に催促されて与えるのはＮＧ

食事は犬にとって大きな楽しみのひとつです。だからこそ、要求して吠えたり、食器を守ろうとしたりと、問題行動につながってしまうことも。犬に催促されて与えるのではなく、飼い主主導で与えることが大切です。そのためには、与える時間は決めないこと。時間を決めると犬は覚えてしまい、時間がきたら吠えて要求するようになる場合があります。また、食事は必ずしも食器に入れなくてもＯＫ。一度の食事を、トレーニングのごほうびとして何十回にも分けて手で与える日があってもいいのです。あくまでも飼い主の都合で与えましょう。

食事のルール

● 食事を与える時間はバラバラに

時間を決めると、犬はその時間を覚えてしまい、吠えて催促するようになることもあります。その結果、吠えれば食事をもらえると勘違いを引き起こしてしまいます。

● 人間の食事を与えない

もらえるときともらえないときがあるのは犬にとって理不尽なこと。一度与えれば、毎回要求するようになるので、与えないようにしましょう。

食事INDEX

食事

食事の準備をすると吠える、飛びつく

コレで解消!

吠えている間は与えないで。静かにしていないと食事はもらえないということを教えましょう。

「早くごはんをちょうだい!」と要求しているのでしょう。この状態で食事を与えてしまえば、犬の思うつぼです。そして、「吠えたり飛びついたりすれば食事がもらえる」と学習し、要求の行為はどんどんエスカレートしてしまいます。食事は静かにしていないと与えないということを徹底しましょう。

加えて、犬に食事の時間を予測させないよう、毎日同じ時刻きっちりであげない、食事の用意はしておいてもしばらくしてからあげるなどの対策もとりましょう。また、食事の準備をしているときは、犬をサークルなどに入れておくようにしましょう。

対処のポイント

食事の準備の間は犬をサークルへ

犬を近くへこさせなければ、飛びつかれることもありません。食事の準備をしている間はサークルに入れておきましょう。

食事は用意してもすぐに与えない

与えるだけの状態にしたら、冷蔵庫に少ししまっておくなどして、与え方のパターンを変えましょう。あくまでも飼い主の決めたタイミングで与えて。

食事

食器を下げようとするとうなる

おやつと食器と交換する、犬の見えないところで食器を下げるなど、安全な食器の下げ方をマスターして。

「食器は自分のごはんを入れる大切なもの。取られないように守らなきゃ」と、威嚇しているのです。おやつをあげて食器と交換する、犬の見えないところで食器を下げるなどして、万が一の事故をふせぎましょう。また、いつも同じ食器だと、その食器への執着が高まってしまうので、素材や形の違うものをいくつか用意しておくのもよいでしょう。

　また、「食器からおやつをあげて、その食器を下げる練習」をするのもよいでしょう。犬が空腹だと攻撃的になって危険なので、食事のあとなど必ず満腹のときに行うようにしましょう。

　威嚇がひどい場合には、専門家に相談しましょう。

対処のポイント

犬をおやつで誘導して食器から離し食器を下げる

食べ終わったら、食器から気をそらすために、犬に大好きなおやつを見せて誘導し、食器から離します。犬から見えないところで食器を下げましょう。

おやつを食べている間に食器と交換する

食べ終わったらおやつを与え、食べている最中に食器を下げます。あわてて下げると、食器を守ろうとしてしまうので、落ち着いて行います。

トレーニング！

[おやつで食器を下げる練習をしよう]

トレーニングするときは、必ずリードをつけ、リードを持ったまま行いましょう。また、トレーニング用のポーチにおやつを入れておくとスムーズです。

! 犬の攻撃性が強い場合は行わないでください。

1

食事のときとは違う食器とおやつを用意

犬が満腹のときに、食事のときとは別の食器と大好きなおやつを用意。犬に食事のシーンを思い出させないように注意を払い、トレーニングしましょう。

2

食器におやつをひと口分入れ犬の前に差し出す

犬に「オスワリ（▶92ページ）」をさせてほめてから、食器にひと口分のおやつを入れます。そのまま食器を犬の前に差し出し、食器を持ったままおやつを食べさせます。

3

食べたら食器を犬から離しおやつを足す

おやつを食べたら、「オスワリ→マッテ（▶96ページ）」の指示を出して、空になった食器を犬から離します。ほめてつぎのひと口分をつぎ足します。

4

最後はおやつを手で直接あげて食器を下げる

2、3と同じ要領で、食器からおやつをあげ、食器を犬から離したら、今度は手から直接おやつをあげます。おやつを食べている間に食器を持っていき、下げます。

よくある困った！

お手入れ

おやつを使って お手入れをいい印象に

足ふきやブラッシングなどで過去に痛い思いをした経験があれば、いやがるのは無理のないこと。すでにお手入れが苦手になってしまっている犬は、ブラシやタオルなど道具を見ただけで恐怖心がわいてきてしまうようです。まずは、恐怖心を取り除くために、おやつを使って慣らしていくことから始めます。

　基本は、長もちするおやつを与えて、夢中になっている間に、さっとブラシやタオルを当てます。まずは体に道具が当たっていることに慣らすだけでOK。「お手入れ＝おやつ」と少しずつい い印象を持たせていきましょう。

お手入れの基本

● おやつに夢中になっている間にさっと

どのお手入れもやり方は同じ。長もちするごほうびを食べさせている間に、お手入れに慣らします。ふたりで行えるなら、お手入れをする人とごほうびをあげる人に分かれるとスムーズにできます。

● 無理はせずに段階をふんで

すでにお手入れが苦手になっている場合は、段階をふんで根気よく練習していくこと。最初はほんの数秒、道具を体に当てるだけで終わりにし、犬の様子を見ながら徐々に時間をのばしていいきます。

留守番INDEX

お手入れ

足をふくのをいやがる

長もちするおやつを食べさせて夢中になっている間に、足ふきをするトレーニングをしましょう。

犬の様子を見ながら、少しずつトレーニングしましょう。基本は、長もちするおやつを食べさせ、夢中になっている間に、さっと行います。最初は、「タオルで足を触る」という行為に慣らすことから始めましょう。また、はじめのうちはふたりがかりで行うのがベスト。おやつをあげる人と足をふく人に分かれます。

足ふきをするとかむなど攻撃してくるような場合には、足ふきはいったんやめて専門家に相談しましょう。そのかわりに、散歩に出かける前に、玄関先にびっしょりと濡らしたタオルと乾いたタオルを広げておき、その上を行ったりきたり歩かせます。

トレーニング！

[足ふきをいいイメージにしよう]

長もちするおやつをかじらせる

最初はふたりで行うとスムーズ。ひとりが、長もちするおやつをあげます。小型犬は抱っこをして、中〜大型犬はリードを持ったままあげましょう。

おやつを食べている間にさっとふく

犬がおやつを食べている間に、もうひとりが、さっと足をふきましょう。最初は、タオルで足をさっと触る程度に。犬がいやがる前にやめます。

お手入れ

ブラッシングをいやがる

コレで解消！

いやがるのは仕方のないこと。ガムなどをおしゃぶりさせている間に少しずつ慣らしていきましょう。

ブラシに慣れていない犬にいきなりブラッシングを始めたら、ブラシにじゃれつくか、やめさせようとしてうなるなどの行動に出るもの。ましてや、過去にブラッシングで痛い思いをした経験があれば、ブラシを見ただけで逃げ出してしまっても仕方ありません。そうなるとお手入れがめんどうになり、手を抜いて毛玉ができやすくなり、ブラッシングでさらに痛い思いをさせるという悪循環に。

　ガムなどをかじらせている間に、毎日少しずつブラッシングに慣らしましょう。あげたおやつが好きすぎて興奮したり、取られないように守ろうとする場合は別のおやつに変えましょう。

トレーニング！

[ブラッシングをいいイメージにしよう]

ガムをかじらせその間にブラッシング

リードをつけ、リードをひざで踏んで固定し、ガムなど長もちするおもちゃを犬にかじらせます。その間にブラシをそっと当てます。

ガムとおやつを交換してから終える

犬がいやがる前にブラシを外します。犬によってはほんの数秒でいやがるので様子を見て。食べ切りのおやつをあげ、ガムと交換して終わります。

お手入れ

歯みがきをさせてくれない

まずは口を触る練習から始め、歯みがきへと徐々にステップアップしていきましょう。

犬にとって、口もとはとても敏感な部位。まずは、口のまわりを触る練習から始めましょう。

触られることに慣れてきたら、ガムなど長もちするおやつを使って、ガーゼやブラシに慣らしていきましょう。最初はガーゼやブラシを口のあたりにタッチするだけでおしまいに。この練習はあせらずに、犬の反応を見て、犬がいやがらない状態でやめるのがポイントです。あげたおやつが好きすぎて興奮したり、取られないように守ろうとしたりする場合は、おやつのランクを下げましょう。少しずつステップアップしながら、徐々に歯みがきへと慣らしていきましょう。

トレーニング!

[歯みがきをいいイメージにしよう]

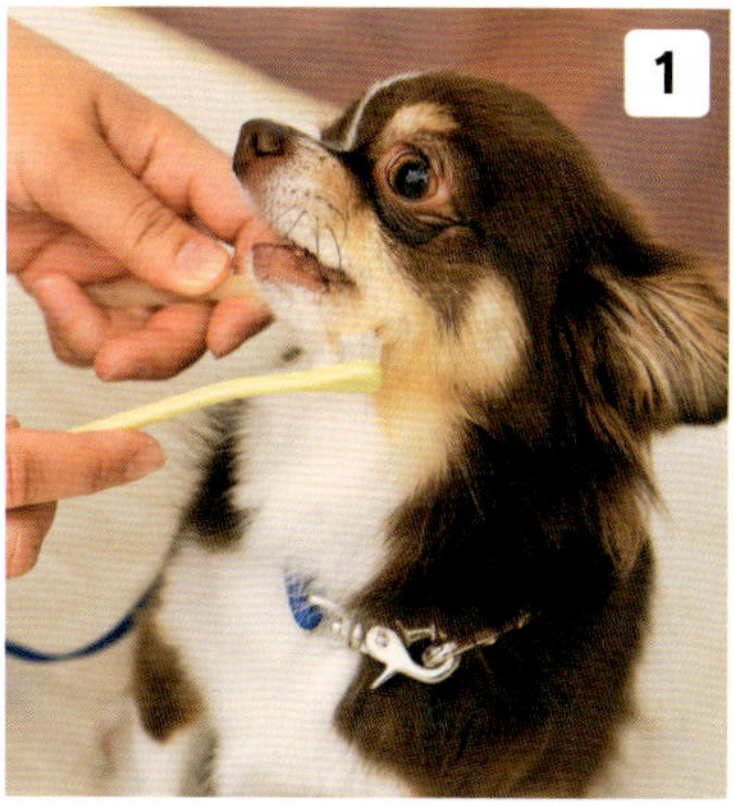

ガムをかじらせて歯ブラシを口の脇へ

リードをつけ、リードをひざで踏んで固定し、ガムなど長もちするおもちゃをかじらせます。その間に歯ブラシを口の脇にタッチさせます。

ガムとおやつを交換してから終える

犬がいやがる前にやめます。犬によってはほんの数秒でいやがるので様子を見て。食べ切りのおやつをあげ、ガムと交換して終わります。

よくある
困った！

そのほか

犬の本能や習性を知って しからずじっくり対処を

ここでは、「トイレ」や「吠える」などのカテゴリーに当てはまらない「困った！」を紹介します。いたずらや飼い主との関係、トレーニングに関することなど多岐にわたりますが、共通しているのは、決して犬は悪気があってやっているのではないということ。たとえば、畳やカーペットをかじるのも、興味のあるものを見つけたらかじってしまうという犬の本能からきているのです。

思わず「コラ！」としかりたくなるようないたずらも、なぜその行動をとるのか、犬の本能や習性を知って、じっくり対処することが必要です。

そのほかINDEX

そのほか

畳やカーペットをかじる

かたづけられないものへのいたずらは、未然にふせげないので、「体罰」ではなく「天罰」で対応。

かたづけて未然にふせぐことができない場合にかぎり、罰を使います。ただし罰は、犬を傷つける体罰ではなく、天罰です。体罰は飼い主が犬に罰を与えているとわかるやり方で、天罰は飼い主が罰を与えているとわからないやり方。天罰なら犬との信頼関係を失うことはありません。そして、この場合の天罰には、苦い味のスプレーが効果的。犬がかじりたくなるのはだいたいカーペットや畳なら四隅の部分、家具なら脚の部分や取っ手などです。この部分に重点的にかけましょう。かけている現場を犬に見られると「飼い主が苦い味にした」とわかり、天罰ではなくなるので注意して。

対処のポイント

コングなどおもちゃを置き
おもちゃをかじったらほめる

「カーペットをかじったら、まずかった！」→「近くにあったコングをかじった」→「飼い主にほめられた」→「コングをかじるのが正解だった」と、学習します。

かじられたくない場所に
苦味スプレーをかける

犬を別室に隔離し、かじられたくないものにたっぷり、スプレー。揮発性なのでまめにスプレーを。

! しみになる可能性もあるので、目立たない場所で試し、問題なければ使用してください。

くわえたおもちゃを放さない

無理やり取り上げようとせず、「チョウダイ」で放すことができるようトレーニングしましょう。

　犬がおもちゃをなかなか放さないことがあります。無理やり取り上げようとすれば、犬は「宝ものを奪われる」とばかりにかえって頑なに。こうなってしまったときに口をこじ開けて取ろうものなら、かまれるのは必至です。

　犬が危険なものをくわえてしまったなど、万が一のときのためにも、飼い主が指示したらくわえているものを放す「チョウダイ」は、マスターしておきたいもの。ぜひ、ふたつのおもちゃを使って「チョウダイ」を教えるトレーニングをしておきましょう。それと同時に、日ごろから口を開けることに慣らしておくことも大切です。

対処のポイント

日ごろから口を開ける練習をしておく

おもちゃは「チョウダイ」で放すようにしつけます。と同時に、万が一危険なものを口にしてしまったときのために、日ごろから口を開けるトレーニング（▶62ページ）もしていきましょう。

おもちゃをおやつと交換させるのはNG

おもちゃより魅力的なおやつを出せば、犬はおもちゃを放すでしょう。でも、おやつが大好きなコは、「おもちゃで遊ぶとおやつがもらえる」と覚え、やがて「おもちゃはいいから、おやつちょうだい」となり、おもちゃ遊びに興味がなくなってしまいます。

トレーニング！

[ふたつめのおもちゃでチョウダイを教えよう]

リードでコントロールできるよう、必ずリードをつけて行いましょう。「オスワリ（▶92ページ）」→「アイコンタクト（▶88ページ）」をして、「OK」で遊び始めます。

1
ふたつめの
おもちゃは隠して
ひとつめのおもちゃ

おもちゃをふたつ持ち片方で遊ぶ

両手におもちゃを持ち、「オスワリ→アイコンタクト→OK」で引っぱりっこスタート。片方のおもちゃで引っぱりっこをし、もう一方は隠しておきます。

2
チョウダイ
新しいおもちゃだ♪

もう一方のおもちゃを見せて交換

もう一方のおもちゃを見せると、犬は自然にくわえていたおもちゃを放します。このとき「チョウダイ」と言います。

3
ひとつめの
おもちゃは隠して
ふたつめのおもちゃ

ふたつめのおもちゃで遊ぶ

「OK」と許可を出し、ふたつめのおもちゃで遊びます。しばらくしたらまた最初のおもちゃを見せて交換、とくり返し遊びます。

4
チョウダイ
おやつだ！
おやつ

最後はおやつをあげておしまい

最後、おもちゃを放したら「チョウダイ」と言い、今度はおやつをあげます。家族におやつを手渡してもらうとスムーズ。

顔や手足をなめてくる

コレで解消！

なめようとしたら静かに体勢を変えましょう。「やめて！」などの反応をしないことが重要です。

犬が自分から飼い主のところにやってきてなめるのは、愛情表現の一種。大好きな人と一緒にいられるうれしさからきているようです。手足どころか、顔をなめられても全然平気な人がいますが、衛生的にいや、という人もいます。その場合は、犬がなめようとしたら静かに体勢を変えましょう。「やめて！」など反応すると、その反応が楽しくてエスカレートしてしまうことも。反応がなければつまらなくて、そのうちしなくなっていくでしょう。来客にもする場合には、イスに座ってもらって犬の口が届かないようにするか、ハウスリード（▶48ページ）でコントロールしましょう。

MEMO

「拒み続けるのは気が引ける…」という場合

愛情表現なので拒否するのは、かわいそう…。そういう場合は、指示を出したときにだけなめてもいいというルールにしてみては。

「オスワリ＋マッテ」（▶96ページ）をさせたあと、「アイコンタクト」（▶88ページ）の指示を。

↓

「OK」で、なめさせてあげます。このとき、「チュー」などの言葉をかけて覚えさせます。

対処のポイント

犬がなめようとしたら静かに体勢を変える

静かに体勢を変えてなめられないようにしましょう。「やめて」などといやがると、犬はその反応をおもしろがるので、ノーリアクションで。

そのほか

飼い主の足にしがみついてマウントする

ハウスリードをつけておき、しそうになったら無言で引き離す対応を続けましょう。

犬が人間の足などにしがみついて腰を振る動作をマウントといいます。性行動としてする場合と、「自分のほうが立場が上だぞ」という主張からする場合、興奮やストレス状態にあるときにしてしまう場合があるようです。理由はどうあれ、今すぐやめさせましょう。犬を室内に自由にするときは、ハウスリード（▼48ページ）をつけておき、マウントしそうになったら、リードで引き離す対応を続けます。このとき飼い主の反応があると、おもしろくてクセになってしまうことも。無言で対応しましょう。また、運動で発散したり、オスなら去勢手術をするのも効果的です。

そのほか

家のなかでできることが外ではできない

犬に応用はきかないものと思いましょう。外では一から練習をし直すつもりで。

家のなかでできるようになったからといって、どこへ行っても同じようにできるものではありません。犬に応用はきかないので、環境が変わったらまた、一から始めるつもりで練習する必要があります。

　また、犬にとって外は刺激がいっぱい。はじめて見る人やもの、突然動き出す乗りものやさまざまな音…。家のなかと違い、集中するのはとても難しいのです。最初は庭で、つぎは玄関先、さらには公園などと徐々に刺激の多い場所へとステップアップしながら練習を。外ではふだんよりおいしいごほうびを用意して、刺激の程度に合わせて、使い分けてあげましょう。

そのほか

子どものいうことをきかない

コレで解消！

子どもの年齢に合わせ、できることだけを、親と一緒にやるようにしましょう。

小学生以下の子どもは、大人と同じように、犬に与える指示に責任を持つことができません。たとえば、犬に「マッテ」をさせても、別のことに夢中になって「OK」を出すのを忘れてしまうかもしれません。指示に一貫性がないと、犬は混乱するので、トレーニングのさまたげになることもあります。

子どものうちは、犬にいうことをきかせるというよりも、「一緒にいると楽しい」という存在をめざすといいでしょう。たとえば、食事をあげたり、散歩の準備をしたり、年齢に合わせてできることを、親の補助のもと、やらせてあげるとよいでしょう。

コレも重要！

広い公園などで子どもにリードを持たせるときは大人も後ろからリードを持つ

子どもは犬と散歩に行きたがるものですが、必ず親も同伴しましょう。何かのアクシデントで子どもがリードを放し、犬が事故にあったら子どもの心も傷つけます。子どもにリードを持たせるときは、万が一に備え、大人用のリードもつけて2本リードで散歩しましょう。

撮影に協力してくれた
Dog models

なな
シェットランド・
シープドッグ

りき
チワワ

きのこ
柴

プリモ
ゴールデン・
レトリバー

ネロ
ミニチュア・
ダックスフンド

マルチェラ
ミニチュア・ダックスフンド

ぶっちょ・さくら
パピヨン

ここ
トイ・プードル

まゆ
トイ・プードル

りゅう
柴

ちーず
MIX

こはる
トイ・プードル

ちーた
チワワ

戸田美由紀先生の家庭犬出張個別レッスン
DOG IN TOTAL

本書監修の戸田美由紀先生が、飼い主さんの自宅にうかがってマンツーマンで指導します。しつけ方を飼い主さんに指導し、飼い主さん自身で愛犬をしつける方法です。子犬から成犬、どんな犬種でも対応可能です。基本的なしつけから、困った行動の対応まで行います。おもな活動場所は埼玉県周辺ですが、そのほかの地域は要相談。
全国の愛護センター、保健所、集合住宅の飼い主の会など、各種団体主催の教室、イベントなどでの出張しつけ教室、講師依頼も行っています。

TEL（FAX不可）：049-222-7114　http://www.inu-shituke.com/

※どうしてもうかがえない範囲にお住まいの方のために電話相談も行っています。詳しくは須﨑動物病院のHPの「戸田美由紀先生の電話しつけ相談」まで。http://www.susaki.com/mend/about_09_01.html

監修者紹介

戸田美由紀

とだ みゆき

DOG IN TOTAL主宰。訓練士養成学校卒業。家庭犬の出張個別レッスンのほか、動物愛護センターや保健所、イベントなどでの出張しつけ教室の講師、雑誌や書籍の監修指導など幅広く活動。日本動物病院福祉協会認定家庭犬しつけインストラクター、ジャパンケンネルクラブ公認訓練士、日本警察犬協会公認訓練士。

staff

撮影 佐藤正之（CUBE）
イラスト さいとうあずみ
デザイン・DTP いわながさとこ
編集協力 株式会社スリーシーズン
金成奈津紀、高島直子

商品協力
アイリスオーヤマ
0120-211-299
http://www.irisplaza.co.jp

ほめていいコに！
犬《いぬ》のしつけ＆ハッピートレーニング

●監修者――――戸田 美由紀［とだ みゆき］
●発行者――――若松 和紀
●発行所――――株式会社西東社《せいとうしゃ》
〒113-0034 東京都文京区湯島 2-3-13
営業部：TEL（03）5800-3120　FAX（03）5800-3128
編集部：TEL（03）5800-3121　FAX（03）5800-3125
URL：http://www.seitosha.co.jp/

落丁・乱丁本は、小社「営業部」宛にご送付ください。送料小社負担にて、お取替えいたします。

ISBN978-4-7916-1733-3